Springer
Milano
Berlin
Heidelberg
New York
Barcelona
Hong Kong
London
Paris
Tokyo

Maurizio Dapor

L'intelligenza della vita

Dal caos all'uomo

Presentazione a cura di
Valentino Braitenberg

Springer

Maurizio Dapor
Centro per la Ricerca Scientifica
e Tecnologica
Via Sommarive 18
38050 Povo (Trento)

Springer-Verlag Italia
una società del gruppo BertelsmannSpringer Science+Business Media GmbH

http://www.springer.it

ISBN 88-470-0186-2

Progetto grafico della copertina: Simona Colombo
Fotocomposizione e stampa: Copy Card Center S.r.l. (Milano)

SPIN: 10882551

Presentazione

Negli ultimi anni, per diversi motivi, mi è capitato di leggere (o almeno sfogliare) un cospicuo numero di saggi in cui l'autore spiega al suo lettore la natura, l'origine, la struttura della propria e della di lui intelligenza sullo sfondo di una visione scientifica del mondo. Non è stata sempre una lettura piacevole e a tratti nemmeno facile, un po' perché mi si costringeva ad accettare certi salti acrobatici là dove le mie letture liceali mi avevano abituato ai percorsi collaudati della filosofia, un po' anche perché i fatti sperimentali non sempre mi sembravano sufficientemente sicuri. Due sono i casi tipici, e mi guarderò bene dal fare nomi. C'è lo scienziato maturo, fisico, chimico o biologo, forte del prestigio che si è costruito con i suoi contributi alla scienza sperimentale, finalmente deciso a prendere di mira i quesiti fondamentali che forse lo angosciavano da sempre, ma che non aveva mai trovato né il tempo né il coraggio di affrontare. Tornato adolescente e quindi animato più da entusiasmo che da cultura accademica, si trova a disquisire su problemi psicologici lontani dalla sua specifica esperienza precedente e, necessariamente, li travisa. E poi c'è il filosofo che, sgomento, vede il territorio tradizionale della propria disciplina invaso da cognitivisti, neuropsicologi, fabbricatori di intelligenza artificiale e vi si oppone riproponendo il suo linguaggio e dichiarandolo superiore a quello degli intrusi. Costui non solo pecca di presunzione ma, spesso, non coglie i particolari dei dati sperimentali che assume come tali anche quando li conosce solo attraverso le interpretazioni semplicistiche propinategli dagli sperimentalisti nei loro scritti divulgativi.

In alternativa, non esito a consigliare vivamente il sobrio ed intelligente libro di Maurizio Dapor. Frutto di letture accurate, filtrate attraverso lo spirito critico di uno scienziato di mestiere, il volume esplora i campi dello scibile (genetica, cervello, informatica) in cui il concetto di informazione, integrato con quelli tradizionali della scienza della natura, fa risplendere di una luce tutta nuova il mondo degli esseri viventi e degli artefatti che ne emulano la complessità. Non è il tipo di divulgazione che nel lettore assopisce la curiosità scientifica, fornendogli una versione dei fatti troppo consona a quello che già era abituato a pensare. Anzi, alle pagine che creano una cornice poetica con sprazzi autobiografici si alternano altre che richiedono il serio impegno del lettore. È giusto che sia così in un libro che oltre a illustrare l'atmosfera di una nuova scienza, si propone di fornire al giovane (o non più tanto) lettore gli strumenti che gli permetteranno di partecipare con competenza alle discussioni.

Tubinga, Marzo 2002 VALENTINO BRAITENBERG

Prefazione

Questo libro è dedicato alla complessità organizzata. Nell'accingermi a scriverlo mi sono chiesto quali argomenti sarebbe stato più opportuno selezionare. Esprimere per iscritto anche solo alcuni tra i più rilevanti risultati scientifici relativi alla complessità organizzata impone infatti di effettuare scelte; nessuno è oggi in grado di sintetizzare, nelle poche pagine di un testo divulgativo, la quantità sorprendente di scoperte e di idee brillanti che hanno progressivamente arricchito l'oggetto del nostro discorso.

Esistono molti sistemi complessi, attorno a noi. Una galassia è un sistema complesso, ad esempio; anche un tornado è complesso. Ma i sistemi complessi più interessanti sono quelli adattativi. Un sistema complesso si dice adattativo allorché è in grado di acquisire e utilizzare a suo vantaggio il flusso di informazioni da cui è costantemente investito. Identificandone e isolandone le regolarità, un sistema adattativo costruisce modelli di comportamento utili in seno al suo ambiente. Sono sistemi complessi adattativi gli organismi biologici, i cervelli e le reti neurali artificiali. Lo sono anche i formicai, gli alveari, i termitai, le organizzazioni e le società umane, i mercati finanziari e cosí via.

Considereremo solo alcuni esempi di complessità organizzata, esempi che ci interessano in modo particolare perché siamo esseri umani. Vivi e consapevoli. Ci occuperemo della complessità da cui traggono origine la vita e l'intelligenza. Prima di farlo discuteremo, nel primo capitolo, una delle questioni più dibattute e controverse della scienza odierna: quella relativa ai concetti di *riduzionismo* ed *emergenza*. Da una parte nessuno può negare che i risultati più importanti del lento ma sicuro procedere della scienza siano stati ottenuti assumendo un atteggiamento riduzionista, vale a dire analizzando le strutture più complesse mediante una scomposizione nei loro costituenti più elementari o fondamentali. Ma il fatto che questo processo analitico *dall'alto verso il basso* consenta di ridurre il tutto a poche leggi fondamentali non implica necessariamente che, partendo da quelle leggi, sia poi possibile descrivere e ricostruire l'universo intero muovendosi *dal basso verso l'alto*. Quanto si osserva, piuttosto, è una stratificazione della realtà in livelli di complessità crescente, in corrispondenza di ognuno dei quali *emergono* nuove proprietà. È questo il punto di vista del fisico della materia condensata P.W. Anderson.

Il programma riduzionista che, nella sua versione più celebre, si propone di ricondurre tutte le leggi delle diverse discipline scientifiche a quelle della fisica, ha conseguito comunque successi clamorosi sia nel ridurre la chimica alla fisica che nel ricondurre la struttura del DNA e le sue proprietà alla chimica delle molecole. Dopo aver trattato, nel secondo capitolo, alcuni concetti generali relativi all'informazione ci dedicheremo pertanto, nel successivo, alla complessità biologica: lo faremo mediante lo studio dei processi replicativi delle macromolecole di DNA e dei meccanismi che sono alla base dei fenomeni di trascrizione e poi di traduzione dell'informazione biologica.

Il capitolo successivo sarà dedicato al sistema complesso più interessante che la natura abbia realizzato fino a oggi: ci occuperemo cioè del cervello e del suo funzionamento. Dopo una breve panoramica sulla sua struttura generale, descriveremo il neurone, introdurremo i piccoli circuiti di neuroni, raccoglieremo alcune tra le idee più proficue e persuasive formulate nel passato, e rivisitate recentemente, per spiegare i meccanismi dell'apprendimento, tratteremo i concetti di assembramento e di macroassembramento neurale. Discuteremo, per quanto sarà possibile utilizzando gli strumenti di cui disporremo, di memoria, emozioni e autoconsapevolezza.

Dedicheremo l'ultimo capitolo ai tentativi dell'uomo di imitare o simulare artificialmente comportamenti intelligenti, concentrando la nostra attenzione su quei sistemi, noti come reti neurali artificiali, che, al pari delle reti biologiche, apprendono dall'esperienza costruendosi autonomamente, sulla base del flusso di informazioni proveniente dall'ambiente, una rappresentazione interna della conoscenza. Ci chiederemo, in conclusione, quali sono i limiti della scienza dei calcolatori nei suoi tentativi di simulare (o superare) l'intelligenza dell'uomo. Scopriremo cosí che corpo, ambiente ed evoluzione sono elementi essenziali per l'intelligenza naturale e per la mente. Innumerevoli interazioni e flussi di informazioni hanno legato, nel corso di una lunghissima storia evolutiva, il cervello al corpo. I processi evolutivi hanno modellato il corpo e il cervello collegandoli al loro ambiente. Non è possibile ignorare queste relazioni tra cervello, corpo e ambiente; né sembra plausibile immaginare una mente senza corpo.

Povo, Marzo 2002

MAURIZIO DAPOR

Ringraziamenti

Devo un ringraziamento particolare a Piero Bianucci: egli ha incoraggiato il mio interesse per la scrittura e la comunicazione scientifica sin dal 1993. Grazie alla sua competenza, pazienza e gentilezza ho realizzato e pubblicato i miei primi scritti e imparato ad amare la divulgazione scientifica.

Achille Varzi è stato per me un riferimento costante. Anch'egli ha sempre seguito il mio lavoro fornendomi garbati quanto preziosi suggerimenti. Achille mi ha presentato, due anni fa, Valentino Braitenberg. Ho così potuto conoscere personalmente uno scienziato le cui ben note qualità professionali sono seconde solo a quelle umane. Valentino ha accettato di scrivere una Presentazione al testo: nel ringraziarlo per la sua gentilezza mi auguro che il mio saggio si dimostri all'altezza di una introduzione tanto autorevole.

Esistono altre persone che hanno letto il libro e avuto la gentilezza di farmi conoscere le loro opinioni: desidero in particolare esprimere un sincero ringraziamento a Diego Bisero per i suoi commenti da vero amico, a Luigia Carlucci Aiello per la sua inesauribile pazienza, a Franco De Battaglia per la saggezza dei suoi consigli, a Francesco Lolli per le amichevoli conversazioni scientifiche, a Giuseppe O. Longo per l'aiuto ed il competente giudizio, a Piergiorgio Odifreddi per avermi incoraggiato e sostenuto con osservazioni argute e gentili, a Lamberto Sacchetti per le piacevoli chiacchierate, a Oliviero Stock per le sue cortesi e pacate considerazioni e ad Emanuele Vinassa per avermi donato utili suggerimenti pratici.

Il libro non sarebbe mai nato senza il contributo di Antonella Cerri della Springer-Verlag Italia. Le sono profondamente grato sia per la gentilezza che per la professionalità e l'inesauribile energia con cui ha lavorato alla realizzazione di questo progetto.

Mia moglie e i miei figlioli sono da sempre i miei più fedeli sostenitori. A loro dedico questo libro nella convinzione che il regalo più bello sia l'espressione dei propri pensieri.

Indice

1 Riduzionismo ed emergenza

Riduzionismo

Sulla questione del *riduzionismo* si è dibattuto a lungo: in alcuni casi si è assistito a prese di posizione che potremmo certo definire dogmatiche. Inoltre i punti di vista dei vari autori sono risultati assai differenti, talora diametralmente opposti. Anche se non c'è da aspettarsi che l'impostazione suggerita da Maria Luisa Dalla Chiara e Giuliano Toraldo di Francia metta fine alle controversie, essa pone la questione nella giusta ottica e nella corretta prospettiva. Secondo questi autori "il riduzionismo, lungi dal rappresentare una fede, deve essere concepito come un *metodo*, tutt'al più come un *programma*. E non è possibile negare che il metodo ha avuto fin qui successi strepitosi".

Prima di procedere va precisato che la riduzione di un dato fenomeno ai suoi costituenti accompagnata da una scelta di quelli che si presumono più importanti – per ignorare invece gli elementi considerati come trascurabili – è pratica comune in tutte le scienze sperimentali. Si tratta di quanto il biologo Ernst Mayr ha identificato con l'espressione *riduzionismo costitutivo*. Di solito, tuttavia, nel dibattito scientifico relativo al concetto di riduzionismo ci si riferisce a un'altra questione. "È nell'ambito delle riflessioni sul riduzionismo – precisa Giulio Peruzzi – che si cercano in modo sistematico risposte a domande del tipo: è possibile ridurre una teoria scientifica a un'altra? e, più in generale, è possibile ridurre una scienza a un'altra, per esempio la biologia alla chimica o la chimica alla fisica? o, anche, è possibile spiegare compiutamente la stratificazione del reale a più livelli – per esempio particelle, atomi, molecole, cellule, organismi viventi pluricellulari, sistemi sociali – deducendo le leggi dei livelli più complessi da quelli dei livelli più semplici?"

Come chiarito dallo stesso Peruzzi, la riflessione su questo tema promossa da molti scienziati ha proceduto sovente su territori relativamente autonomi rispetto a quelli visitati dai filosofi: inoltre la discussione tra i vari autori ha caratterizzato il concetto arricchendolo di connotazioni specifiche e suddividendolo in varie forme. Esistono, ad esempio, un riduzionismo tra teorie all'interno della medesima disciplina (è il caso della riduzione della termodinamica alla meccanica statistica) e un riduzionismo tra una scienza e un'altra (la chimica alla fisica). Il dibattito ha innescato una serie di discussioni (e controversie) che hanno precisato ulteriormente queste concezioni introducendo numerose varianti: varianti di cui qui non discuteremo.

Per riduzionismo intendiamo dunque un metodo, o programma, che riconduce alle leggi della fisica quelle di altre discipline quali, ad esempio, la chimica. Naturalmente, poiché si tratta di un programma e non di una fede, esso va seguito in virtù dei risultati che ha saputo ed è plausibile (o sperabile) saprà raggiungere nel futuro. Nessuno nega che altre dottrine, differenti dal riduzionismo, possano progressivamente divenire più produttive o utili nella descrizione scientifica dei diversi aspetti della realtà. Ma allo stato attuale, come vedremo, va riconosciuto che il programma riduzionista ha permesso di arrivare a livelli di approfondimento e di comprensione notevoli. Tali da incoraggiare molti studiosi a considerarlo, oltre che attraente e produttivo, come l'unico metodo veramente vincente. E, difatti, nella pratica scientifica esso è adottato, consapevolmente o meno, da numerosi ricercatori. Ben pochi, presumo, sarebbero oggi disposti a mettere in dubbio l'affermazione secondo la quale la chimica è riducibile alla fisica. Con questo si intende asserire che le leggi a cui si adeguano i fenomeni della chimica sono *traducibili* nel linguaggio della fisica: è evidente ed appurato che tutto il quadro concettuale della chimica può essere espresso con i teoremi della meccanica quantistica. Se, negli anni Venti, P.A.M. Dirac poteva dichiarare che l'unica difficoltà nel ridurre la chimica alla fisica consisteva nel fatto che l'applicazione delle leggi fisiche che descrivono la matematica dell'intera chimica conduce ad equazioni troppo complicate per essere risolvibili, oggi i metodi dell'analisi numerica, applicati ad algoritmi realizzati con programmi per calcolatori di medie capacità, permettono di risolvere la gran parte delle equazioni della meccanica quantistica di interesse per la chimica.

L'avvento della biologia molecolare e i suoi impressionanti successi hanno indotto a ritenere che la strada riduzionista sia da percorrere anche per spiegare le leggi fondamentali della vita. I meccanismi della vita e i fondamenti dell'informazione biologica conservata all'interno dei nuclei cellulari trovano infatti una spiegazione esauriente e assai soddisfacente nella teoria dei legami *covalenti* e delle associazioni spontanee *non covalenti* tra certe molecole speciali chiamate nucleotidi: una macromolecola di DNA, come vedremo, è una struttura relativamente stabile nel tempo che può replicarsi grazie a fenomeni di riconoscimento tra nucleotidi complementari; in un ambiente ricco di nucleotidi liberi questi ultimi, agganciandosi via via a quelli di un filamento già realizzato, possono riprodurne uno complementare recante l'intera informazione genetica codificata nel primo. In virtù delle mutazioni casuali, delle ricombinazioni e delle differenti capacità riproduttive assegnate ai replicanti molecolari dalla pressione selettiva, si sono progressivamente realizzati organismi via via più complessi[1]. Così anche la tendenza ascendente dell'evoluzione, che ha prodotto tutta la complessità organizzata e la profondità riscontrabili nella biosfera odierna, affonda le sue radici nelle leggi della chimica ed è, in ultima analisi, traducibile nel linguaggio della fisica. Questi successi hanno indotto molti scienziati ad abbracciare senza riserve il programma riduzionista e ad azzardare, inoltre, previsioni sul futuro della ricerca scientifica. Il celebre fisico teorico Stephen Hawking definisce se stesso un riduzionista spudorato allorché, esprimendo sinteticamente i concetti appena esposti, dichiara: "Ritengo che le leggi della biologia possano venire ridotte a quelle della chimica. Come sappiamo questo è già accaduto con la scoperta della struttura del DNA. Credo inoltre che le leggi della chimica, possano venire ridotte a quelle della fisica. Penso che i chimici, in maggioranza, sarebbero d'accordo". Richard Dawkins, il biologo che Douglas Hofstadter ha definito come un "maestro nell'esporre la tesi riduzionista

[1] Ma, va aggiunto, la natura ha anche conservato per centinaia di milioni d'anni le informazioni genetiche di organismi relativamente semplici.

secondo cui la vita e la mente scaturiscono da un ribollire tumultuoso di molecole", dal canto suo descrive i viventi come "poderosi e giganteschi robot" entro cui "sciamano in colonie immense" i geni replicanti. Noi saremmo, in quest'ottica, le macchine per la sopravvivenza dei geni.

Uomo e leggi fisiche

Parlare di riducibilità delle varie scienze alla fisica può essere assai fuorviante se non si chiarisce bene che cosa intendiamo per fisica: quale fisica? Osservano Dalla Chiara e Toraldo di Francia che se ci limitassimo alla fisica nota in un particolare periodo storico arriveremmo necessariamente alla conclusione imbarazzante secondo cui un "riduzionista dell'Ottocento non era in realtà un riduzionista, perché non conosceva la meccanica quantistica". In altre parole possiamo certo affermare di non conoscere *oggi* tutte le leggi fisiche: ma qualora si riuscisse a mostrare che, ad esempio, l'uomo ubbidisce a leggi, quelle leggi potrebbero certo essere considerate leggi fisiche. Il programma riduzionista in tal caso sarebbe stato realizzato anche per quanto riguarda gli esseri umani. Chiarito, dunque, che non è lecito riferirsi solo alle leggi fisiche di cui siamo oggi a conoscenza, va aggiunto che non tutti i ricercatori accettano di buon grado che il programma riduzionista sia applicabile all'uomo.

Il punto di vista secondo cui l'uomo non è che un aggregato di molecole organizzate che agisce ubbidendo a qualche tipo di leggi fisiche (dottrina che Dalla Chiara e Toraldo di Francia definiscono come *riduzionismo stretto*) non gode insomma del consenso generale. La ragione risiede nella constatazione che, prescindendo da osservazioni e non poggiando su fatti accertati, questa affermazione assume i connotati di un'asserzione dogmatica: dopotutto nessuno fino a oggi è riuscito a ridurre la psicologia, diciamo, alla chimica del cervello. E, per quanto poi riguarda le complesse società umane, mi permetto di presumere non esista alcun ricercatore, per quanto volonteroso e ambizioso, intenzionato a cimentarsi nel programma di ridurre la sociologia o l'economia alla teoria delle particelle elementari. In altre parole, estendere i successi del metodo a campi inesplorati (e forse inesplorabili) per asserire che esso darà certamente frutti anche in quei settori sembra a taluni una forzatura intollerabile e, per certi aspetti, non scientifica. Non esistono fatti sperimentali che incoraggino ad accettare questo punto di vista. Ma è doveroso precisare che non esistono neanche prove che ci permettano di rifiutarlo decisamente. Il giudizio rimane sospeso: l'atteggiamento più prudente e corretto sembra proprio quello di considerare il riduzionismo come un semplice programma di lavoro che si può abbracciare o meno: saranno i risultati che, solo a posteriori, consentiranno di valutarne l'eventuale successo.

Mente cosciente

Il fenomeno della mente cosciente è considerato da alcuni come il culmine del processo evolutivo. Dawkins suggerisce, anche se con una certa prudenza, che essa sia il risultato della capacità (utilissima per la sopravvivenza) di certi animali di simulare l'ambiente. Capacità che consente loro di anticipare il futuro, evitare le circostanze pericolose, effettuare scelte tra differenti alternative elaborate all'interno del loro cervello e selezionare le situazioni ritenute più vantaggiose. Una volta stabilito che l'ambiente comprende anche noi stessi, la coscienza di sé insorgerebbe come simulazione della parte di esso che noi rappresentiamo.

Poiché tuttavia la coscienza di sé, per quanto *utile*, non sembra *necessaria* per la sopravvivenza – dal momento che molte creature viventi, pur non possedendola, vivono benissimo – va anche aggiunto, assai più prosaicamente, che essa potrebbe essere una specie di accessorio, un prodotto apparso in maniera accidentale, un fenomeno secondario sorto in conseguenza della comparsa di altre caratteristiche assai più rilevanti per l'adattamento e la riproduzione: un prodotto del caso, forse non indispensabile, ma insediatosi poi stabilmente e in maniera permanente nei nostri processi mentali.

Quale che sia il punto di vista del lettore, è un fatto incontestabile che *per noi*, per ognuno di noi, la coscienza sia il più importante processo mentale. Si può ben immaginare, pertanto, che allorché il programma riduzionista è stato applicato agli stati mentali e alla coscienza abbia incontrato ostacoli, e non solo di ordine scientifico.

Alla base di molte tra le difficoltà in cui si sono imbattuti gli scienziati e i filosofi che hanno voluto cimentarsi con i problemi della mente, sta il problema di definire che cosa la mente sia e quali siano le sue relazioni con il cervello.

Il dualismo consiste nell'idea, espressa per la prima volta nel XVII secolo da Descartes, secondo la quale la mente e il cervello sarebbero separati e costituiti da differenti sostanze. La mente sarebbe fatta di una materia speciale, mentale, e interagirebbe in qualche modo non ben precisato con il cervello, un organo costituito invece di materia ordinaria. Oggi questa concezione è stata, generalmente, superata e la gran parte dei ricercatori si divide in due categorie. Quella costituita da coloro che non parlano affatto di mente limitandosi a considerare il cervello come un qualunque altro organo del corpo; e quella di cui fan parte gli studiosi secondo cui l'attività del cervello coinciderebbe con quella della mente. In ogni caso il problema dell'interazione tra la sostanza mentale e quella ordinaria non si pone ormai più nei termini in cui veniva affrontato nel XVII secolo ma, tipicamente, si tende a conferire agli stati mentali, più o meno consapevolmente, caratteristiche che li riducono a complessi processi implicanti flussi di segnali elettro-chimici incessantemente in movimento all'interno del cervello.

Detto questo, va aggiunto che tra gli studiosi e i ricercatori delle scienze cognitive alcuni non ritengono plausibile la possibilità di elaborare una teoria degli eventi mentali basata sulle procedure rigorose caratterizzanti il metodo scientifico. Una delle ragioni che si oppone all'applicazione del riduzionismo alla mente cosciente è in relazione con una osservazione piuttosto raffinata: la mente dell'uomo è in grado di formulare una teoria che descriva se stessa? Si incorre qui nelle difficoltà insite nell'autoriferimento: quando scrivete una frase che si riferisce a se stessa – un esempio che è stato proposto in innumerevoli varianti è quello della celebre affermazione che asserisce di essere falsa – è possibile che otteniate una situazione paradossale: se la frase è vera allora essa è falsa. Ma se è falsa allora è vera.

Un altro punto di vista molto interessante è quello sostenuto dal filosofo Thomas Nagel, il quale asserisce che una teoria scientifica della mente cosciente non è realizzabile perché ci sono cose, a suo dire, "sul mondo e la vita e noi stessi che non possono essere adeguatamente comprese da un punto di vista completamente oggettivo". Quando Nagel si accanisce contro "la recente ondata di euforia riduzionista" si riferisce esplicitamente al problema mente-corpo, che egli distingue decisamente da quello "acqua-H_2O, o dal problema macchina di Turing-macchina IBM, o dal problema fulmine-scarica elettrica, o dal problema gene-DNA, o dal problema quercia-idrocarburo". La critica di Nagel, peraltro molto ben argomentata, al metodo riduzionista in relazione al problema mente-corpo si può riassumere affermando che, a suo giudizio, quel progetto non è riuscito a spiegare la coscienza perché la ignora. Più precisamente, a parere di Nagel, tutte le descrizioni riduzioniste degli stati mentali formulate nel passato non tengono conto in alcun modo delle caratteristiche dell'esperienza soggettiva perché, in sostanza, possono farne a meno e non ne hanno bisogno. Sono cioè tutte teorie *compatibili* con l'*assenza* della coscienza. Ma dal fatto che una spiegazione degli stati mentali in termini riduzionisti risulti soddisfacente, qualora non si tenti di spiegare il fenomeno della coscienza, non si ricava alcuna buona ragione per ritenere di poter estendere quella teoria a una plausibile descrizione della coscienza stessa. "Qualsiasi programma riduzionista – chiarisce Nagel – deve essere basato su un'analisi di ciò che si deve ridurre. Se l'analisi lascia fuori qualcosa, il problema è posto in modo falso".

Non tutti la pensano come Nagel: Daniel Dennett, ad esempio, è persuaso che una teoria scientifica della mente cosciente sia, dopotutto, possibile. E un'intrigante spiegazione del fenomeno della coscienza è stata proposta infatti da Dennett nella sua celebre opera *Coscienza*.

Proprietà emergenti

Se la riduzione della mente a un sistema fisico ha innescato una serie di controversie a oggi non risolte, va detto che anche nell'ambito della stessa fisica l'antiriduzionismo ha trovato sostenitori agguerriti. Assai influente è stato, in particolare, il parere espresso dal fisico dello stato solido P.W. Anderson riguardo alla domanda su che cosa sia fondamentale in fisica. Le problematiche enfatizzate da Anderson sono principalmente due. La prima riguarda la necessità di distinguere tra un approccio scientifico analitico e uno sintetico. L'approccio analitico è quello che ci fa procedere dal tutto alle parti o *dall'alto al basso*. Come già chiarito questo è il metodo di riduzione dei fenomeni nei loro costituenti elementari, o presunti tali, applicato in tutte le scienze sperimentali senza eccezioni e accettato sostanzialmente da tutta la comunità scientifica, compreso lo stesso Anderson. È il riduzionismo costitutivo di E. Mayr. Anderson rifiuta piuttosto il riduzionismo *dal basso verso l'alto* secondo cui i fenomeni dei livelli gerarchicamente superiori sarebbero spiegabili completamente mediante quelli inferiori. Per Anderson la possibilità di ridurre tutto a poche leggi fondamentali non implica affatto quella di poter anche ricostruire, sulla base di quelle leggi, l'intero universo. E qui si inserisce anche la seconda questione sottolineata da Anderson, vale a dire quella relativa alle *proprietà emergenti*.

Il concetto di *emergenza*, generalmente introdotto in contrapposizione alla nozione di riduzionismo e sovente utilizzato in un quadro antiriduzionista, è ben descritto dalle parole di Elena Castellani: fenomeni emergenti sono quelle "proprietà apparentemente né deducibili né prevedibili a partire dal livello più primitivo". L'apparizione di fenomeni emergenti, pur non contraddicendo le proprietà dei livelli inferiori, apparentemente *non può essere predetta* a partire dalla descrizione di quei livelli. Per David Deutsch "la semplicità del livello alto 'emerge' dalla complessità del livello basso".

Un'emergenza corrisponde all'apparizione, ad ogni nuovo livello di complessità, di proprietà nuove, proprietà cioè che non possono essere previste a partire dai livelli gerarchicamente inferiori. La coscienza ad esempio è, secondo il matematico Alwyn Scott, "un fenomeno emergente, come un tornado che sprigiona tutta la sua furia o un placido stormo di oche". Egli definisce ogni livello della gerarchia scientifica come dinamicamente indipendente da quelli adiacenti. Per Scott è questa indipendenza dinamica a far emergere, in ogni stratificazione della realtà, nuove "entità atomiche" che differirebbero qualitativamente da quelle dei livelli inferiori.

Non tutti condividono l'idea che il concetto di emergenza debba essere necessariamente inquadrato in una concezione antiriduzionista. Osserva Giulio Peruzzi che "sono proprio questi connotati che permettono di utilizzare la nozione di emergenza per esprimere, anche in un contesto riduzionistico, quelle situazioni che sfuggono alla nostra esperienza, vuoi per ragioni epistemiche legate a una determinata fase dello sviluppo scientifico, vuoi per ragioni d'ordine storico legate all'evoluzione dell'universo". Il biofisico Edoardo Boncinelli, pur muovendosi e operando nell'ambito del programma riduzionista, preferisce farlo utilizzando anche la nozione di emergenza: un approccio il suo che gli consente di includere nel metodo la dimensione temporale. "I fisici, e più in generale gli scienziati che adottano un atteggiamento riduzionista, vedono con sospetto il concetto di proprietà emergenti e le sue implicazioni", chiarisce Boncinelli. "Tuttavia – aggiunge lo scienziato poco più avanti – la contemplazione dell'esistenza di proprietà emergenti e il riduzionismo sono per me due facce della stessa medaglia, due modi complementari di guardare alla realtà". Più precisamente, secondo questo autore, nell'osservazione del cosmo a partire dalle sue origini assistiamo alla continua comparsa di proprietà nuove, emergenti. Procedendo all'indietro nel tempo, invece, la ricerca scientifica realizza il programma riduzionista riconducendo "i livelli di aggregazione più alti a quelli inferiori". Se il programma riduzionista è di importanza cruciale, non va dimenticato che la biologia è una scienza storica e che molte delle caratteristiche dei viventi traggono origine da innumerevoli e casuali rotture di simmetria le quali, di volta in volta, hanno imposto ai fenomeni la scelta di determinate condizioni iniziali piuttosto che altre. Queste rotture di simmetria casuali hanno realizzato l'irreversibilità biologica pur fondandosi sulla reversibilità delle leggi fondamentali della fisica.

2 Sistemi complessi

Risveglio

Al risveglio non mi sono reso conto immediatamente di dove mi trovassi. Ho preso coscienza a poco a poco di dove fossi – la piccola stanza di una casa di montagna, la luce che fluiva abbondante da un'ampia finestra di fronte al mio letto – e ho ricostruito lentamente la precedente giornata trascorsa tra amici. Una giornata di pioggia torrenziale, inusuale a metà luglio.

Non c'è tempo per l'introspezione e mi impongo di smettere con tutte queste divagazioni. Ci aspetta una magnifica giornata che non intendo certo sciupare contemplando il soffitto. Mi alzo: alcuni amici stanno già preparando la colazione per tutti. Tra un po', lentamente, anche gli altri scenderanno, chi risvegliato dal profumo del caffè e delle fette di pane tostato, chi dai rumori provenienti dalla cucina. Entro una decina di minuti quasi tutti avranno ripreso coscienza, saranno nuovamente padroni dei loro movimenti e delle loro decisioni. Si discuterà, si riderà, si sorriderà, mangiando e conversando rilassati e riposati. Poi si deciderà il da farsi.

Frasi, parole, interazioni, intenzioni, intendimenti, fraintendimenti, malintesi: qualcuno interverrà per convincere i pigri. Alla fine sveglieremo i bambini e verso le sette il gruppo sarà già in movimento, come un unico soggetto. Raggiunto il paese, scenderemo dalle automobili e ci incontreremo con altri amici. Con loro converseremo ridendo e coprendoci gli occhi con la mano per ripararci dal sole.

Un volta inoltrati nel bosco, in cerca di funghi, la coesione del gruppo sarà mantenuta dalle voci, dalle parole, dalle grida di richiamo.

Saremo un unico soggetto che si "auto-organizza".

Complessità

I processi soggiacenti a differenti e svariati fenomeni, quali l'origine della vita sul nostro pianeta, il comportamento sociale degli animali, l'evoluzione biologica, l'apprendimento, l'organizzazione delle società umane, quella degli alveari, dei formicai e dei termitai sono regolati dalla presenza e dall'interazione di *sistemi complessi adattativi*. Tutti sanno, o intuiscono, cosa un sistema complesso *non* sia. Un sistema complesso *non* è un sistema semplice. Molto più arduo è individuare esattamente che cosa contraddistingua la complessità. Possiamo affermare che un sistema complesso adattativo è caratterizzato da una serie di processi di acquisizione di informazioni sull'ambiente. Esso è in grado di manipolare il flusso di informazioni al fine di individuare delle regolarità. Sulla base di queste regolarità il sistema genera uno schema di comportamento che gli consente di muoversi e agire adeguatamente nell'ambiente. L'ambiente è anch'esso un sistema complesso: l'interazione tra sistemi complessi e la continua retroazione a opera del flusso di informazioni in entrambe le direzioni producono numerosi e differenti schemi di comportamento i quali competono per la sopravvivenza. Gli schemi che sopravvivono sono quelli che rendono più adatti i sistemi complessi che li hanno realizzati all'ambiente con il quale essi sono in relazione. I sistemi complessi adattativi sono in grado interagire efficacemente con l'ambiente.

Informazione

Tutti i sistemi complessi adattativi sono provvisti di meccanismi che permettono loro di reagire più o meno efficacemente alle sollecitazioni ambientali. Per un essere vivente l'avvicinamento di un partner sessuale, di un predatore, di un pericolo e di una fonte di cibo sono manifestazioni dell'ambiente che incoraggiano il sistema a (re-)agire mediante scelte, comportamenti. Le reazioni debbono avvenire in tempi e modi adeguati per essere efficaci. Per questo il sistema ha la necessità di acquisire con continuità informazioni dall'ambiente.

Claude Shannon, durante la seconda guerra mondiale, lavorava presso i Bell Telephone Laboratories. L'esercito gli commissionò una ricerca sui principi della comunicazione che egli pubblicò nel 1949 in un libro, scritto con Warren Weaver, dal titolo *The Mathematical Theory of Communication*. Si tratta della teoria dell'acquisizione e trasmissione dell'informazione [2].

Trasmettiamo informazione mediante una successione di *messaggi*. La trasmissione di un dato messaggio corrisponde alla scelta tra un numero finito di messaggi possibili. Ad esempio, per scrivere questo testo ho a disposizione una tastiera. Se limitiamo il nostro ragionamento alle ventisei lettere dell'alfabeto e alle sei accentate (trascurando cioè la punteggiatura, gli spazi, le cifre da 0 a 9, ecc.) ho la possibilità di scegliere, prima di digitare ogni singolo carattere, tra trentadue possibili messaggi differenti. Nel celebre gioco di società in cui si può rispondere solamente *sì* oppure *no* alle domande dell'interlocutore, possiamo invece scegliere tra due soli messaggi; ed è chiaro che quanto minore è il numero di messaggi *equiprobabili* tra i quali è possibile scegliere, tanto minore sarà il contenuto informativo di ogni singolo messaggio. Ho messo in evidenza il concetto di equiprobabilità dei messaggi possibili proprio per enfatizzare il fatto che invece, solitamente, siamo nella condizione di dover scegliere tra messaggi le cui probabilità di occorrenza *non* sono affatto uguali: e la quantità di informazione recata da un singolo messaggio, oltre che dal numero

---

2 Le basi della cibernetica (termine derivante dalla parola greca che significa timoniere), vale a dire della scienza che si occupa anche dell'uso delle informazioni acquisite per il controllo di un organismo o di una macchina, furono gettate invece dal matematico Norbert Wiener nel 1948 in "Cybernetics; or, control and communication in the animal and the machine". La cibernetica ha avuto il merito, tra l'altro, di richiamare l'attenzione sull'importante idea di retroazione, positiva o negativa. Una retroazione positiva rafforza un'azione intrapresa, amplificandola e intensificandola come fa un servomeccanismo. Una retroazione negativa invece ha lo scopo di stabilizzare l'effetto di un'azione intervenendo, qualora si renda necessario, al fine di fissarlo all'interno di un ristrettissimo intervallo di valori. Un termostato che stabilizza la temperatura su un valore predeterminato – accendendo e spegnendo il riscaldamento sulla base delle informazioni che con continuità acquisisce dall'ambiente – è un esempio di retroazione negativa. Molti processi biologici sono regolati da meccanismi di retroazione negativa. Quelli, ad esempio, atti a mantenere relativamente costante lo stato interno di un organismo.

dei possibili messaggi tra cui si può scegliere, dipende anche dalla sua probabilità. È chiaro che le trentadue possibilità di scelta offerte dalla tastiera di un computer, se decido di scrivere in una lingua, diciamo, europea *non* sono tutte equiprobabili. In italiano, ad esempio, la lettera *z* si trova in un testo assai meno frequentemente della lettera *a*. A questo va aggiunto che le probabilità di occorrenza di un dato carattere (per ogni lingua, periodo storico, stile dell'autore, ecc.) non sono nemmeno tra loro indipendenti. In italiano il contenuto di informazione della lettera *u* è praticamente trascurabile se, in una parola, essa segue immediatamente la lettera *q*: in tal caso infatti la *u* è certa e non reca, pertanto, alcuna informazione aggiuntiva. Per ogni lingua è possibile stabilire il contenuto medio di informazione di ogni singolo carattere. Se i trentadue caratteri della tastiera avessero uguali probabilità di occorrenza, allora il valore comune di quella probabilità sarebbe esattamente pari a uno diviso per trentadue: il contenuto medio di informazione di ognuna delle trentadue lettere di un testo sarebbe perciò uguale a cinque bit [3].

Cinque bit rappresentano il contenuto *massimo* di informazione recato da un messaggio scelto tra trentadue: il massimo contenuto di informazione recato da un messaggio scelto tra *n* possibili si ha infatti quando tutti gli *n* messaggi sono equiprobabili. Nel citato gioco di società in cui ci sono solo due possibili messaggi (*sì* oppure *no*) ricaviamo il massimo di informazione media (vale a dire esattamente un bit) se formuliamo domande le cui possibili risposte sono equiprobabili. Si intuisce facilmente che una domanda la cui risposta è quasi certa non è conveniente per l'interrogante: il contenuto informativo medio della risposta, in quel caso, è quasi nullo. È chiaro che stiamo parlando qui di informazione media: se infatti la risposta *effettiva* a una domanda con risposta quasi certa dovesse essere proprio quella inaspettata, essa fornirebbe una grandissima informazione all'interrogante. Ma, solitamente, a una domanda con risposta quasi certa egli otterrà la risposta quasi certa: di conseguenza un'informazione pressoché nulla.

---

[3] Nel caso della scelta tra un dato insieme di messaggi equiprobabili, l'informazione si ottiene come logaritmo in base due del numero dei messaggi possibili: in questo caso, cioè, essa è il logaritmo del reciproco della probabilità p.
In altri termini $I = log_2(1/p) = - log_2(p)$. Il bit (la contrazione dell'espressione anglosassone *bi*nary digi*t*, cioè cifra binaria) è l'unità di misura dell'informazione.

Per ritornare alle lettere dell'alfabeto possiamo affermare, allora, che la massima informazione per lettera è pari a cinque bit: e che, in effetti, una singola lettera ci fornirebbe cinque bit di informazione se i caratteri, nella lingua in cui ci esprimiamo, fossero tutti equiprobabili. Se si riesce a stabilire quale sia la frequenza con la quale ogni lettera dell'alfabeto si presenta in una data lingua e vi si applica poi la definizione di informazione media della teoria di Shannon è possibile ottenere una valutazione del contenuto medio di informazione di ogni singolo carattere [4]. Per le lingue europee scopriamo in tal modo che ogni carattere reca all'incirca un'informazione media pari a un bit. Così, se è vero che ogni singola lettera tra quelle che sto scrivendo *potrebbe* fornire al lettore ben cinque bit di informazione, in realtà, una volta tenuto conto delle differenti probabilità di occorrenza dei vari caratteri dell'alfabeto e delle reciproche dipendenze, scopriamo che ne reca solo uno.

Trasformazione

"Possiamo dire che *S* indica il contenuto di trasformazione del corpo [...] Poiché ritengo che i nomi di quantità così importanti per la scienza si debbano trarre dai linguaggi antichi e introdurre tal quali nei linguaggi moderni, propongo di definire la grandezza *S* con il nome 'entropia' del corpo, partendo dalla parola greca che significa trasformazione". Così scriveva, nel 1865, Rudolf Julius Emanuel Clausius, introducendo in tal modo un concetto assai importante, quello di entropia, rivelatosi nel seguito gravido di significati e conseguenze: si tratta di una grandezza fisica che ha avuto una considerevole influenza sullo sviluppo di discipline assai distanti dall'ambito scientifico da cui l'idea scaturì, vale a dire la termodinamica.

Per capire che cosa si intende con la parola entropia, la prima osservazione che è bene fare riguarda la reversibilità e l'irreversibilità

[4] Nel caso in cui le probabilità siano indipendenti l'informazione media è la somma cambiata di segno delle probabilità dei singoli messaggi moltiplicate per i logaritmi in base due delle medesime probabilità. In altri termini $\langle I \rangle = -\sum_i p_i \log_2(p_i)$, dove abbiamo indicato con ‹I› l'informazione media e con p_i la probabilità dell'i-esimo messaggio. Siccome le probabilità di occorrenza dei caratteri non sono indipendenti, il contenuto medio di informazione si riduce ulteriormente.

dei fenomeni fisici. Spesso si dice che i fenomeni meccanici sono reversibili. Con questo si intende che se un processo meccanico è regolato da un'equazione in cui *t* rappresenta il tempo, allora l'equazione che si ottiene scambiando *t* con –*t* descrive un fenomeno meccanico anch'esso possibile. Se io lancio un sasso, quest'ultimo seguirà una traiettoria parabolica e andrà a cadere in qualche posto a una certa distanza da me. Se ora immagino di osservare la proiezione della traiettoria del sasso a ritroso, non noterò alcuna anomalia in quel moto retrogrado che possa farmi desumere di stare osservando un moto all'indietro nel tempo. Questo è il significato dell'asserzione secondo cui le leggi della meccanica sono reversibili [5]. Ma apriamo, ora, una bottiglietta di profumo e consideriamo il moto delle molecole dello stesso che vanno diffondendo attorno a noi. Anche in questo caso possiamo asserire che il moto di ogni singola molecola è indifferente al verso del tempo. Il moto corrispondente all'uscita di una singola molecola dalla bottiglietta e quello, proiettato all'indietro, in cui la nostra molecola rientra nella bottiglietta, sono entrambi leciti. Non esiste alcuna legge di natura che impedisca a una molecola di effettuare realmente un percorso che la conduca da un qualunque punto della stanza in qualche posizione all'interno della bottiglietta. Eppure l'esperienza ci insegna che, con il trascorrere del tempo, assisteremo alla diffusione della gran parte delle molecole di profumo

---

[5] In realtà non esiste alcun fenomeno genuinamente reversibile perché componenti termodinamiche sono sempre presenti. Il sasso, ad esempio, non effettuerà un moto perfettamente parabolico perché le sue interazioni con le molecole dell'aria dissiperanno una parte dell'energia (ordinata) che gli ho impresso nell'atto del lancio in calore, una forma di energia estremamente disordinata. Una parte dell'energia del sasso accrescerà l'agitazione termica delle molecole con le quali esso interagirà durante il suo percorso, aumentando il disordine complessivo. In altre parole, nemmeno il moto del sasso è assolutamente reversibile. Tuttavia, almeno approssimativamente, lo è. In pratica solitamente assumiamo che sia lecito trascurare, con ottima approssimazione, le interazioni del sasso con le molecole dell'aria. Possiamo immaginare di compiere il nostro esperimento sulla Luna, in assenza di atmosfera, in modo da ridurre ulteriormente gli effetti dissipativi. Se questi ultimi fossero completamente assenti, i due moti, quello reale e quello all'indietro nel tempo, sarebbero entrambi leciti. Se, in assenza di effetti dissipativi, immaginassimo di riprendere il moto della pietra con una videocamera, le riproduzioni in avanti e all'indietro sarebbero entrambe accettabili come moti possibili. Non esisterebbe nessun fisico in grado di decidere quale delle due proiezioni sia quella corrispondente al moto realmente avvenuto, ripreso con la telecamera e poi riprodotto. Questa osservazione si riflette nelle equazioni classiche del moto che descrivono la traiettoria della pietra, leggi reversibili rispetto al tempo.

dalla bottiglietta *nella* stanza: e nessuno di noi si aspetta che *tutte* le molecole rientrino spontaneamente e disciplinatamente *nella* bottiglietta.

Allo stesso modo, se immergiamo una zolletta di zucchero in una tazza di acqua bollente, la zolletta si scioglierà. Quello che accade è assolutamente naturale. Non capita mai, invece, di assistere alla concatenazione di eventi in cui una soluzione zuccherina d'acqua fredda si riscalda e rigetta una bella zolletta di zucchero di forma cubica fuori dalla tazzina. Se quel famoso sasso lanciato allo scopo di discutere l'indifferenza al segno del tempo delle leggi della meccanica avesse incontrato, nel corso della sua traiettoria parabolica, una bella vetrata, l'avrebbe ridotta in frammenti. Il film proiettato a ritroso in cui i singoli frammenti di vetro si ricompongono per ricostruire una finestra integra fornirebbe una versione dei fatti che consentirebbe a chiunque di interpretarla - correttamente - come una proiezione all'indietro.

La spiegazione dell'irreversibilità di questi fenomeni si cela nel grande numero di particelle coinvolte nei processi che stiamo trattando. Consideriamo una regione di spazio molto estesa in cui sia racchiuso un gas. Definiamo *microstato* ogni stato per cui la posizione e la velocità di ogni singola molecola del gas sono entrambe precisamente definite [6]. Un *macrostato* è invece la distribuzione delle temperature, pressioni e densità del gas all'interno della regione considerata. È a tutti evidente che esistono numerosi microstati differenti per ogni dato macrostato: qualunque sia il macrostato che vogliamo prendere in considerazione (qualunque sia la distribuzione di temperature, pressioni e densità) esisteranno, generalmente, molte configurazioni microscopiche possibili degli stati delle singole molecole (insiemi possibili di posizioni e di velocità delle particelle) in grado di realizzarlo. Fu il grande fisico Ludwig Boltzmann il primo a formulare l'ipotesi che tutti i microstati fossero equiprobabili. Ne segue immediatamente che la probabilità di un macrostato è tanto maggiore quanto più grande è il numero di microstati che sono in grado di determi-

---

[6] Stiamo ragionando qui nell'ambito della meccanica classica per cui non ci sono impedimenti di principio a conoscere contemporaneamente posizione e quantità di moto di una particella. In ambito quantistico, come è ben noto, l'impossibilità di conoscere simultaneamente entrambe queste grandezze è sancita dal principio di indeterminazione di Heisenberg.

narlo, di realizzarlo. Così, ad esempio, se una bottiglietta di profumo è lasciata aperta, il suo contenuto diffonderà nella stanza. L'aumento del volume disponibile accrescerà il numero di microstati accessibili. Lo stato corrispondente alla densità uniforme del gas nella stanza rappresenta il macrostato più probabile perché è quello rappresentato dal maggior numero di microstati. Tenuto conto del grande numero di molecole coinvolte esso è non solo più probabile ma è *molto* più probabile di qualunque altro macrostato. Di fatto è uno stato praticamente certo, se osserviamo il sistema in un istante qualsiasi (escludendo il periodo di tempo impiegato dalle molecole per diffondere nella stanza e supponendo di mantenere ben chiuse le porte e le finestre).

Il numero di microstati accessibili per un gas racchiuso in una scatola dipende dal numero di elementi coinvolti, dall'energia e dal volume. Se indichiamo con W il numero di microstati distinti, W è una funzione di quelle grandezze. Siccome W è, tipicamente, un numero molto grande, si usa considerarne il logaritmo (il logaritmo in base dieci di 10^{23} è 23, ad esempio). L'entropia di un dato sistema è uguale a una costante (la costante di Boltzmann k) moltiplicata per il logaritmo del numero dei microstati distinti [7].

---

[7] Consideriamo N particelle che si trovano in una scatola divisa in due scompartimenti uguali. Se questi non sono separati da una parete, cioè se le particelle possono muoversi liberamente da uno scompartimento all'altro, qual è la probabilità di trovare N_1 particelle in uno scompartimento e $N_2 = N - N_1$ nell'altro? Una piccola riflessione ci permetterà di concludere che il numero di microstati *distinti* con cui si può realizzare la particolare partizione in cui N_1 particelle stanno in uno scompartimento mentre N_2 stanno nell'altro è uguale a $W = N!/[(N_1!\, N_2!)]$. Ricordo che con $N!$ intendiamo esprimere, in forma abbreviata, il prodotto dei primi N numeri naturali. $N!$ è, pertanto, uguale a $N\text{x}(N-1)\text{x}(N-2)\text{x}...\text{x}1$ e rappresenta il numero di permutazioni di N oggetti. Inoltre, per definizione, $0! = 1$. È facile convincersi che W è tanto maggiore quanto più piccola è la differenza tra N_1 e N_2. Ad esempio, se volete sapere quanti microstati distinti realizzano la configurazione in cui tutte le molecole sono confinate in uno scompartimento, dovete calcolare $N!/N! = 1$. Allora c'è un solo microstato che realizza la configurazione in cui tutte le molecole sono confinate in una parte della scatola. Se desiderate sapere quanti sono i microstati distinti che realizzano il macrostato corrispondente a $N - 1$ molecole in uno scompartimento ottenete $N!/(N-1)! = N$.
A questo macrostato, leggermente meno ordinato del precedente nel quale *tutte* le molecole se ne stavano disciplinatamente confinate in una parte della scatola, corrispondono già N microstati distinti: è quindi certamente più probabile del precedente. Lo potete verificare facilmente con una calcolatrice (ma vi consiglio di usare numeri piccoli): W diventa massimo quando $N_1 = N_2$, vale a dire quando la distribuzione delle particelle nella scatola è uniforme. Ancora un'osservazione: quanto più grande è N, tanto mag-

Siccome uno stato è tanto più probabile quanto maggiore è il numero di microstati che lo realizzano e l'entropia è una funzione crescente del numero di microstati, è *quasi* certo che un sistema chiuso, lasciato evolvere liberamente, si porti verso stati di entropia crescente. Questo è, in sintesi, l'enunciato del secondo principio della termodinamica: "Se un sistema chiuso – scrivono Kittel e Kroemer – si trova in una configurazione diversa da quella di equilibrio, è molto probabile che la sua entropia aumenti".

Il legame, anch'esso crescente, tra il numero di microstati e il disordine di un sistema stabilisce una relazione tra entropia e disordine. Quanto più un sistema è disordinato tanto maggiore è il suo livello di entropia. Così il secondo principio della termodinamica può anche essere enunciato dichiarando che ogni sistema chiuso tende verso stati di disordine crescente con elevata probabilità.

È qui necessaria una precisazione. La legge dell'aumento dell'entropia è di natura statistica, come abbiamo sottolineato. Questo significa che fluttuazioni negative dell'entropia, per quanto improbabili, non sono affatto impossibili. Ludwig Boltzmann riteneva, ad esempio, che la ragione per cui l'universo si trova nell'attuale stato di bassa entropia (cioè di relativo ordine) sia proprio da imputare a una gigantesca fluttuazione negativa della stessa.

Secondo un teorema di Poincaré, il teorema della ricorrenza, queste

giore diventa la differenza tra il numero di microstati distinti che realizzano la distribuzione uniforme e quelli corrispondenti a tutte le altre partizioni differenti da quella uniforme. Quando trattiamo con il mondo macroscopico il numero di particelle che consideriamo è dell'ordine del numero di Avogadro, essendo il numero di Avogadro uguale a 6,022 x 10^{23} e rappresentando il numero di molecole che si trovano in una grammomolecola di una qualunque sostanza, cioè in un numero di grammi di quella sostanza pari alla sua massa molecolare. Perciò il numero di particelle in esperimenti come quello del gas nella scatola è talmente elevato che la quantità di possibili microstati distinti corrispondenti alla distribuzione uniforme (quella per cui $N_1 = N_2 = N/2$) è così grande – rispetto alle altre possibili partizioni – da rendere praticamente certa la distribuzione uniforme per ogni sistema chiuso. Ogni stato differente dalla distribuzione uniforme è talmente improbabile che una sua realizzazione spontanea può considerarsi, a tutti gli effetti pratici, impossibile. Siccome l'entropia S è uguale alla costante di Boltzmann k moltiplicata per il logaritmo del numero di microstati distinti che realizzano una data partizione, vale a dire, nel caso specifico,

$$S = k\, log[N!/(N_1!\, N_2!)],$$

se lo stato iniziale è per qualunque motivo differente da quello uniforme, allora l'entropia crescerà fino al raggiungimento della configurazione più probabile: fino all'equilibrio termodinamico in cui il gas è uniformemente distribuito all'interno della scatola.

fluttuazioni, disponendo di molta pazienza, si realizzano necessariamente. Si tratta di un teorema di quasi periodicità che tuttavia, per gli effetti macroscopici, è di fatto di periodicità. Afferma che, a partire da qualunque microstato, attendendo per un tempo opportuno, il sistema si porterà in un microstato vicino a piacere al microstato di partenza.

Se l'universo esistesse da sempre, allora l'entropia complessiva, in qualche epoca passata, potrebbe essere diminuita spontaneamente realizzando tutte le possibili configurazioni e disposizioni d'atomi necessarie alla vita e all'intelligenza, per quanto improbabili. Tra l'altro, va aggiunto, in un universo di durata infinita fluttuazioni negative di questo tipo si realizzerebbero in un numero infinito di occasioni. Gigantesche fluttuazioni negative dell'entropia produrrebbero quello stato d'ordine altamente improbabile che consente la condensazione della materia in galassie, stelle, pianeti, microrganismi, animali ed esseri umani.

Oggi si ritiene scorretta questa affascinante ipotesi per varie ragioni, la più evidente delle quali è rappresentata dall'età stimata dell'universo, compresa tra i dieci e i venti miliardi di anni. L'universo è troppo giovane[8] e, insieme, troppo complesso per ritenere credibile la tesi della grande fluttuazione. Per qualunque sistema macroscopico realistico, il tempo di Poincaré necessario per ritornare in prossimità di un microstato dato qualsiasi è assai maggiore dell'età stimata dell'universo. Inoltre se prestassimo fede alla teoria secondo cui sarebbe stata una gigantesca fluttuazione spontanea dell'entropia a determinare condizioni iniziali di grande ordine, saremmo incoraggiati ad abbracciare una concezione solipsista: infatti, di tutte le fluttuazioni negative che recano un poco d'ordine in un universo che si trova generalmente in uno stato di equilibrio termodinamico, sono certamente più probabili quelle in cui esistono solo il mio cervello corredato di percezioni e ricordi illusori di una inesistente realtà esterna ad esso: i lettori della presente pagina, ad esempio, non esisterebbero, essendo prodotti dell'immaginazione di questa unica mente. Se l'universo durasse da sempre queste *fluttuazioni solipsiste*,

[8] E troppo giovane è anche il tempo: secondo le idee della moderna cosmologia lo spazio-tempo nasce con il big bang. Il tempo perciò esisterebbe da meno di venti miliardi di anni. S. Agostino, allorché asseriva: "Il mondo non fu fatto nel tempo, ma con il tempo" esprimeva, su basi intuitive, la medesima idea.

per usare l'espressione coniata da J. Bricmont, sarebbero certamente molto più frequenti di quelle assai più rare (se pure anch'esse infinite in numero) in grado di generare *realmente* galassie, stelle e sistemi complessi adattativi. Perciò, in quest'ottica, nell'istante presente sarebbe molto più probabile esistessi solo io. O, se preferite, uno dei lettori di questo libro. Per queste sue conseguenze a dir poco inaccettabili, la cosmologia di Boltzmann non è oggi considerata ragionevole: l'universo non esiste da sempre e questo è quanto basta per incoraggiarci a cercare altre soluzioni atte a risolvere il mistero della complessità.

Se l'universo è un orologio che si sta scaricando a poco a poco, come il secondo principio sembra indicare (ammesso e non concesso che il cosmo possa considerarsi come un sistema chiuso) forse all'inizio esso si trovava in uno stato più ordinato di quello attuale: per caso, per avventura, per qualche motivo non precisato esso è forse partito da condizioni iniziali altamente improbabili di estremo ordine e bassissima entropia. Purtroppo nemmeno questa spiegazione funziona: essa è smentita dai fatti, dall'osservazione. Siamo in possesso di dati astronomici relativi all'universo primordiale che inducono a ritenere che esso in quell'epoca si trovasse in uno stato prossimo all'equilibrio termodinamico. Infatti la radiazione cosmica di fondo, il residuo del big bang, è una fotografia dello stato dell'universo nei suoi primissimi istanti. E lo spettro della radiazione cosmica di fondo corrisponde all'equilibrio termodinamico, vale a dire allo stato di massima entropia.

L'universo è perciò passato da uno stato di massima entropia a uno stato di entropia inferiore: e tuttavia una gigantesca fluttuazione negativa della stessa, prodotta dal semplice caso, non è un'ipotesi accettabile perché esso ha un'età finita e, tra l'altro, è relativamente giovane. Anche se sembra di essere di fronte a un imbarazzante paradosso, la soluzione è a portata di mano. La si trova in un'importante forza della natura di cui fin qui abbiamo evitato di discutere. Questa potente *sorgente di ordine* è stata, si presume oggi, la *gravitazione*.

L'abbiamo trascurata perché è lecito farlo allorché ci si riferisce a piccole quantità di materia, come quella contenuta in una bottiglietta di profumo: un sistema chiuso e in equilibrio termodinamico permarrà per moltissimo tempo nel macrostato corrispondente alla massima entropia se la sua massa non è tanto elevata da far diventare rilevanti gli effetti gravitazionali. Ma se la quantità di materia in gioco fosse di ordine cosmico, se anziché con minuscole bottigliette di profumo avessimo a che fare con enormi nubi interstellari, l'equilibrio termodinamico non sarebbe affatto stabile. Piccolissimi, anche infinitesimali, spostamenti da posizioni di equilibrio instabile, si sa, recano con sé enormi conseguenze sulla successiva evoluzione dei sistemi. Il gas inizierebbe a contrarsi accumulando spontaneamente, in diversi punti dello spazio, addensamenti di materia progressivamente più condensata. Con il procedere di questi fenomeni governati dalle forze gravitazionali si genererebbero alcuni centri di attrazione i quali, attirando a sé enormi quantità di materia, diventerebbero via via sempre più densi. Questi agglomerati si riscalderebbero moltissimo in conseguenza della contrazione e della condensazione. Inoltre rimarrebbero circondati da vaste regioni fredde contenenti poca materia a un livello di estrema rarefazione. Se poniamo in contatto un oggetto caldo con uno freddo, il secondo principio della termodinamica impone che vi sia un passaggio di calore dal corpo caldo a quello freddo, e non viceversa, perché la distribuzione disuguale di calore dello stato iniziale è più ordinata di quella in cui i due corpi hanno raggiunto la medesima temperatura. Ma i processi cosmici appena descritti produrrebbero proprio questo: differenziazione, cioè ordine. Assisteremmo alla generazione di enormi differenze di temperatura tra grumi incandescenti (la contrazione dei quali si arresterà allorché la pressione dovuta ai processi interni di fusione nucleare controbilancerà le forze gravitazionali) e regioni pressoché vuote e gelide. Si tratterebbe della formazione di stelle come il nostro Sole: sorgenti, per le regioni fredde come la nostra Terra, di energia di elevata qualità. In ultima analisi sorgenti di entropia negativa o informazione. Proprio l'informazione di cui si nutre la biosfera.

Abbiamo ritrovato il concetto di informazione: l'entropia di un sistema misura infatti la nostra ignoranza, o mancanza di informazione, su quale sia il suo microstato. In effetti tanto maggiore è l'entropia del sistema tanto maggiore è la quantità di informazioni che dovremmo possedere, e non possediamo, per poter descrivere il microstato in cui esso si trova. Così l'informazione può essere pensata come entropia negativa. O, se preferiamo parlare di disordine, possiamo anche asserire che il disordine di un sistema è la misura della nostra ignoranza dei dettagli sullo stato in cui esso si trova.

Trasmissione dell'informazione

I linguaggi, si sa, sono *ridondanti*: per riferirci a un esempio fatto poco sopra, in italiano scrivere una *u* al seguito di una *q* è inutile, dal momento che la *u* seguirà la *q*. Quella benedetta *u*, in definitiva, al traino di una *q* non reca con sé una grande informazione. È ridondante. Ma la ridondanza non riguarda solo l'alfabeto: è, come vedremo tra poco, intimamente legata all'idea di trasmissione dell'informazione.

Allorché cerco di esprimere un'idea perché mai utilizzo una quantità eccessiva, non necessaria di parole? Se posso esprimere un concetto utilizzando un numero ridotto di caratteri, emettendo pochi suoni perché, di grazia, lo faccio usandone molti? Quello che intendo è che se i linguaggi si sono sviluppati per facilitare i rapporti tra gli esseri umani c'è da supporre che essi costituiscano un considerevole vantaggio; ma la ridondanza, dopotutto, rappresenta uno spreco di tempo. Perché allora è stata favorita?

Consideriamo una *sorgente* di informazioni che invia dei messaggi a un *ricevitore* attraverso un *canale*. Quando rivolgete la parola a un amico, che vi piaccia o no, siete una sorgente di informazioni. In quel caso il vostro amico è un ricevitore mentre l'atmosfera è il canale che, trasportando le onde acustiche da voi prodotte, le fa giungere alle membrane dei suoi timpani. Questo processo è piuttosto generale. Le informazioni emesse da una sorgente vengono *codificate* e trasformate in un segnale il quale viene trasferito mediante un canale a un ricevitore: quest'ultimo rivela i messaggi e *decodifica* l'informazione.

Ogni canale può trasferire le informazioni con una data velocità. Con questo intendiamo dire che il numero di bit al secondo che il canale è in grado di trasferire è una quantità finita. E se una sorgente produce messaggi a un ritmo superiore dovrà adattare la sua velocità alla *capacità* del canale di trasferirli. In campo tecnico la codifica del segnale viene effettuata anche allo scopo di ridurre la ridondanza: in modo tale da sfruttare al massimo la capacità del canale. Riducendo la ridondanza si evita di trasferire messaggi con basso contenuto informativo e si riesce in tal modo a inviare più informazione a parità di tempo.

Tuttavia, non sempre la riduzione della ridondanza si rivela una strategia vincente. Infatti, va riconosciuto che, allorché si trasmettono informazioni, immancabilmente a esse si sovrappone un disturbo. Le fonti di *rumore* possono essere le più varie, ma è certo che non sono mai completamente assenti. La presenza del rumore implica che, all'invio di un messaggio *a*, corrisponda, con una probabilità diversa da zero, il ricevimento di un messaggio differente da *a*, diciamo *b*. Sembra abbastanza ragionevole, in generale, attendersi che tra *a* e *b* esista una *correlazione*. In altre parole se il rumore che si sovrappone al segnale fosse sempre tale da far sì che la probabilità di ricevere *b* non dipendesse mai da *a*, allora sarebbe del tutto impossibile trasmettere informazioni. Fortunatamente le cose non stanno così.

Quanto di solito accade è invece che esiste una *probabilità condizionata*: una probabilità differente da zero che avendo ricevuto *b* sia stato trasmesso *a*. Conoscendo questa probabilità è possibile definire il guadagno di informazione e ottenere così una nuova valutazione per l'informazione media per messaggio: il risultato finale è che, per fortuna, è sempre possibile trasmettere con pratica certezza un messaggio anche in presenza di rumore. Per farlo è necessario tuttavia codificare opportunamente il messaggio accrescendo il tempo di trasmissione. Perdendo tempo guadagnamo in sicurezza di trasmissione.

Questa conclusione è piuttosto ragionevole. Consideriamo ad esempio il seguente semplice codice: ogni messaggio da inviare deve essere ripetuto *n* volte. Il rumore, nel caso di un testo scritto, può essere rappresentato, ad esempio, da un errore di lettura.

Ma...

> Se rileggete questa frase è assai meno probabile che ripetiate lo stesso errore di lettura.
>
> Se rileggete questa frase è assai meno probabile che ripetiate lo stesso errore di lettura.
>
> Se rileggete questa frase è assai meno probabile che ripetiate lo stesso errore di lettura.
>
> Se rileggete questa frase è assai meno probabile che ripetiate lo stesso errore di lettura.

Siamo così arrivati a spiegarci il perché della ridondanza nei linguaggi naturali. È molto importante essere certi che il messaggio trasferito sia ben compreso dal destinatario: anche se questo comporta uno spreco di tempo nella trasmissione dell'informazione.

Il contenuto di informazione algoritmica

"Fondamentalmente l'informazione si occupa di una scelta - dichiara Murray Gell-Mann - tra possibilità alternative, e può essere espressa nel modo più semplice se tali possibilità alternative sono riducibili a una sequenza di scelte binarie, ognuna delle quali tra due possibilità ugualmente probabili. Per esempio, se vieni a sapere che il lancio di una moneta ha dato croce anziché testa, hai appreso un bit di informazione. Se vieni a sapere che tre lanci successivi di una moneta hanno dato testa, poi croce, poi di nuovo testa, hai appreso tre bit di informazione".

Questa descrizione corrisponde alla definizione di informazione fornita dalla teoria di Shannon. Osserva poi Gell-Mann che Andrej Kolmogorov, Gregory Chaitin e Ray Solomonoff hanno introdotto, lavorando indipendentemente, un altro utile concetto relativo all'informazione: quello di *contenuto di informazione algoritmica.*

Immaginiamo di essere in possesso di un computer con una grandissima capacità di memoria (diciamo infinita, intendendo sufficiente per i nostri scopi) e pensiamo a un messaggio che, grazie a un codice standard, sia stato trasformato in una data sequenza di cifre binarie. Chiameremo stringa questa sequenza di 1 e 0. Il contenuto di informazione algoritmica recato dal messaggio (codificato nella stringa) è definito come la lunghezza del più breve tra tutti i programmi di calcolo in grado di stampare la stringa che codifica il messaggio (e di porre fine al calcolo).

L'informazione della teoria di Shannon è calcolabile: esistono cioè delle leggi che ci permettono di stabilire, note le probabilità dei messaggi elementari, di misurare il contenuto di informazione, nel senso della teoria di Shannon, di un dato messaggio. Invece il contenuto di informazione algoritmica di una stringa non è computabile. Supponiamo, infatti, di aver stabilito quale sia l'algoritmo più breve, tra un insieme di algoritmi dati, in grado di stampare una certa stringa mettendo poi fine al calcolo: possiamo affermare che la lunghezza di questo algoritmo rappresenta il contenuto di informazione algoritmica di quella stringa? Certamente no: infatti è impossibile escludere l'esistenza di un algoritmo più breve che effettui le stesse operazioni. Potrebbe esistere addirittura un algoritmo che nessuno scoprirà mai. Di conseguenza non potremo mai conoscere il contenuto di informazione algoritmica di una data stringa, ma solo un suo limite superiore. Questo limite superiore è rappresentato, naturalmente, dall'algoritmo più breve tra quelli che conosciamo. Questa singolare proprietà, la non computabilità del contenuto di informazione algoritmica, non ci impedisce di effettuare considerazioni di carattere generale e di confrontare le informazioni algoritmiche di certi messaggi.

Consideriamo due stringhe di uguale lunghezza: possiamo dire qualche cosa sui contenuti di informazione algoritmica delle due stringhe? In particolare possiamo affermare che una delle due ha un contenuto di informazione algoritmica superiore a quello dell'altra? Ragioneremo, da ora in poi, su stringhe molto lunghe perché esse sono le più interessanti per i nostri scopi. Confrontiamo, ad esempio, la stringa "1010101010...10", ottenuta ripetendo per *n* volte la sequenza "10", con una stringa genuinamente casuale di cifre binarie. Possiamo costruire quest'ultima lanciando, ad esempio, una moneta (perfetta) per un numero di volte uguale alla lunghezza della prima stringa. Assegneremo alle cifre binarie il valore uno allorché uscirà croce e il valore zero quando uscirà testa. Ho affermato che la moneta deve essere perfetta. Con questo intendo che non deve essere privilegiata l'uscita di croce rispetto a quella di testa; e, naturalmente, nemmeno il contrario. Su un numero molto grande di lanci la differenza tra il numero di occasioni in cui esce croce e quella in cui esce testa deve essere trascurabile. Effettuando moltissime serie di lanci di questo tipo la suddetta differenza, oltre che piccola, deve essere talvolta positiva e talvolta negativa. Aumentando indefinitamente il numero di lanci quella differenza deve tendere a zero. I lanci devono essere tali, naturalmente, da non introdurre alcun tipo di regolarità nella sequenza. Insomma, non è un gioco da ragazzi costruire una sequenza di numeri genuinamente casuali. Supponiamo comunque di essere in grado di farlo. Oggi esistono procedure numeriche che permettono di realizzare sequenze di numeri pseudo-casuali. Non sono genuinamente casuali e, tuttavia, per la maggior parte degli scopi pratici simulano sequenze di numeri casuali con un altissimo grado di attendibilità. Queste sequenze di numeri pseudo-casuali sono utilizzate in moltissime applicazioni. Una delle più note è rappresentata dal cosiddetto metodo di Monte Carlo: una procedura che permette di risolvere complicati problemi matematici utilizzando le leggi della statistica. Supponete di dover calcolare l'area di una superficie chiusa da una curva complicata. Se possedete un generatore di numeri casuali non dovete fare altro che circondare la vostra curva con un quadrato di lato noto (v. Fig. 2.1). Generate ora un grande numero di punti casuali che stiano all'interno del quadrato. Ogni volta che il punto casuale cade all'interno della superficie aggiornate un contatore sommandovi uno. Quando il numero di punti prodotti è molto grande, il rapporto tra quelli caduti all'interno della superficie e il numero totale di punti generati sarà prossimo al rapporto tra l'area della superficie e quella (nota) del quadrato. Le sequenze di numeri casuali permettono

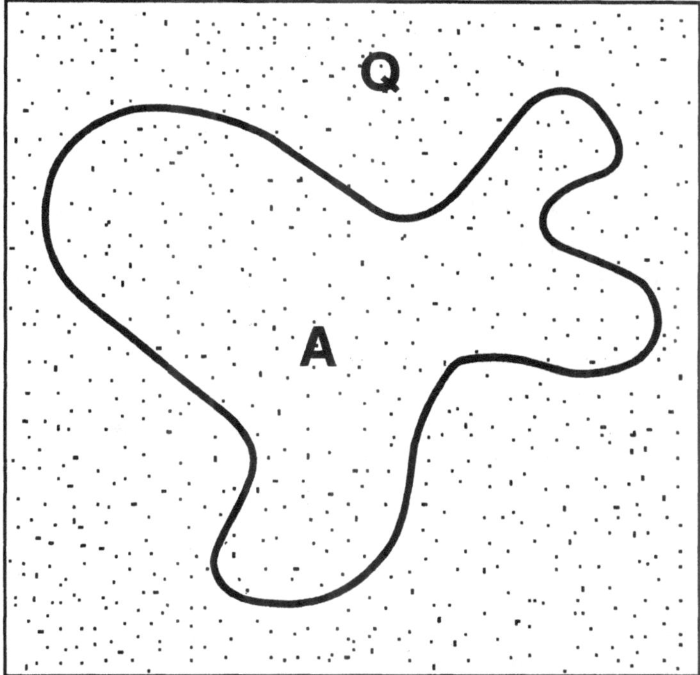

Fig. 2.1. Calcolo dell'area A di una superficie chiusa effettuato mediante un generatore di numeri casuali (metodo di Monte Carlo). La superficie va inserita all'interno di quella di un quadrato di area Q, il cui valore sia noto. Viene generato un grande numero N di punti casuali all'interno della superficie del quadrato. Se la distribuzione dei punti casuali è uniforme, il rapporto tra il numero n di punti che cadono all'interno della superficie ed N è un'ottima approssimazione di quello tra l'area incognita A della superficie e quella nota Q del quadrato. Così nQ/N è un'approssimazione di A tanto migliore quanto maggiore è il numero di punti casuali impiegati.

dunque di calcolare le aree delle superfici. La cosa non sarebbe tanto interessante (esistendo procedure di integrazione numerica migliori di quella che ho appena descritto) se non fosse che questo metodo si applica altrettanto bene al caso di *superfici* con un numero arbitrariamente elevato di dimensioni [9]. Quando il numero di dimensioni supera il quattro, il metodo di Monte Carlo è la procedura numerica migliore per il calcolo degli integrali multipli. Complicati problemi di fisica coinvolgenti grandissimi numeri di particelle possono essere affrontati con il metodo di Monte Carlo: si possono realizzare vere e proprie simulazioni numeriche di processi fisici come l'interazione di un fascio di elettroni con un solido.

Ritorniamo ora al problema delle due lunghe stringhe di cifre binarie. Mentre un algoritmo molto breve per stampare la prima consiste nell'ordinare al computer di scrivere per *n* volte la stringa "10", il più breve programma in grado di stampare la stringa casuale è costituito dall'ordine di stampa seguito dalla stringa casuale medesima. In altri termini una stringa come la "101010...10" ha un contenuto di informazione algoritmica molto inferiore di quello di una stringa genuinamente casuale. Per esprimere quest'idea diciamo che una stringa casuale non è *comprimibile*. In altri termini essa non presenta alcuna regolarità che possa essere riconosciuta e utilizzata per comprimerla e ridurre così la lunghezza dell'algoritmo necessario per stamparla.

Non sempre le regolarità di una stringa sono evidenti. Se consideriamo, ad esempio, le stringhe che si ottengono esprimendo in notazione binaria due numeri irrazionali come la base dei logaritmi naturali, $e = 2.71828\ldots$, e il rapporto tra la circonferenza e il diametro del circolo, $\pi = 3.14159\ldots$, otteniamo due sequenze che non presentano alcuna regolarità evidente. In questo caso è possibile anche valutare la

[9] Non è rilevante il fatto che il nostro cervello non ci permetta di visualizzare spazi con più di tre dimensioni (anche se qualcuno afferma di riuscirci): in fisica e in matematica accade sovente di dover calcolare quantità definite su spazi con grandi numeri di dimensioni. Sistemi con un elevato numero di gradi di libertà si incontrano molto spesso nella fisica statistica. Per descrivere questi sistemi si fa ricorso alla valutazione di integrali multipli con un grande numero di dimensioni. Un caso importante, ad esempio, è rappresentato dal calcolo della funzione di partizione di un gas contenente *N* atomi alla temperatura *T*. È stato mostrato da Steven C. Koonin e Dawn C. Meredith che, per un valore di *N* assai modesto (20), un computer capace di effettuare 10 milioni di calcoli al secondo impiegherebbe, per calcolare la funzione di partizione con i metodi di integrazione numerica tradizionali, qualcosa come 10^{34} volte l'età dell'universo.

casualità delle due stringhe e stabilire quale di esse sia più casuale. Nel 1997 i matematici Burton Singer e Steve Pincus hanno ad esempio mostrato che la sequenza di cifre che si ottiene esprimendo π in notazione binaria è più casuale di quella corrispondente alla base dei logaritmi naturali e [10]. Rimane il fatto che entrambe queste sequenze hanno un basso livello di *casualità algoritmica*, dal momento che poche istruzioni di un programma di calcolo permettono di generare entrambe le stringhe [11]. In altre parole, sebbene le due stringhe corrispondenti a π ed e siano casuali [12] esse possiedono una bassa casualità algoritmica.

Abbiamo così appreso due fatti interessanti. Il primo: il livello di casualità di lunghe sequenze casuali può essere valutato; sequenze differenti possiedono, in generale, livelli di casualità diversi (come hanno dimostrato Singer e Pincus). Il secondo: esistono stringhe casuali con un piccolo valore di casualità algoritmica. Queste stringhe recano cioè un basso contenuto di informazione algoritmica. Ha constatato a questo proposito Paul Davies che se "si scrive la data di una serie di eclissi consecutive e la si esprime in codice binario, si ricava una fila di 0 e 1 che sembra casuale. Ma l'apparenza inganna. Mediante le leggi di Newton possiamo infatti prevedere le date delle eclissi, e ogni altra caratteristica delle orbite planetarie. Le leggi di Newton sono semplici formule matematiche che, messe per iscritto, riempiono a malapena una cartolina; quindi l'informazione su tutte quelle eclissi, e in realtà sulla posizione della Terra e della Luna in ogni giorno dell'anno, è implicita in un breve algoritmo. Il sistema Terra-Sole-Luna quin-

---

10 I risultati del lavoro di Singer e Pincus sono stati pubblicati nel 1997 sulla rivista Proceedings of the National Academy of Sciences. Il loro metodo si basa sull'osservazione secondo cui, se una sequenza di cifre è casuale, allora tutte le cifre debbono essere presenti per circa lo stesso numero di volte all'interno della sequenza. Le due sequenze binarie "10101010" e "10011100" soddisfano, ad esempio, questo criterio. Eppure la prima presenta un'evidente regolarità. Pertanto il criterio non può essere considerato, da solo, sufficiente come definizione di casualità. Se, tuttavia, consideriamo le cifre due per volta ci accorgiamo che mentre nella prima sequenza compare solo la coppia "10", nella seconda sono presenti sia la "00" che la "01", la "10" e la "11". Per questa ragione la casualità della seconda sequenza è superiore a quella della prima. Nel caso di lunghe sequenze si può estendere questo ragionamento considerando gruppi di cifre sempre più grandi.

11 Ma attenzione: certo non tutti gli infiniti termini delle stesse! Il discorso vale, naturalmente, per qualunque loro porzione di lunghezza finita.

12 Intendiamo affermare, con questo, che esse soddisfano i test statistici di casualità.

di è relativamente povero di informazione, perché presenta numerose e profonde regolarità"[13].

Complessità effettiva

Affronteremo ora la questione assai spinosa di fornire una definizione ragionevole e sensata di complessità. Come vedremo, il concetto di informazione algoritmica (o casualità algoritmica o complessità algoritmica) non è affatto adeguato a descrivere appropriatamente l'idea di complessità.

"Evidentemente - chiarisce Murray Gell-Mann - il contenuto di informazione algoritmica o casualità algoritmica, pur essendo a volte chiamato complessità algoritmica, non corrisponde a ciò che intendiamo comunemente con la parola complessità. Per definire la complessità effettiva ci occorre qualcosa di completamente diverso da una quantità che consegue il suo massimo in stringhe casuali".

In altre parole per rappresentare la complessità di un sistema, quella effettiva, non sembra opportuno prestare semplicemente attenzione alla lunghezza dell'algoritmo più breve che permette di stampare una codifica binaria del suo stato. Quell'algoritmo, infatti, descriverebbe tutta la stringa: sia gli elementi di casualità che le regolarità. Ma i sistemi complessi adattativi apprendono dall'ambiente e si evolvono in funzione delle regolarità che riescono a individuare all'interno del tumultuoso flusso di informazioni da cui sono continuamente investiti. Pertanto ci aspettiamo che la complessità *effettiva* sia piuttosto in relazione con la lunghezza del programma in grado di descrivere uno schema conciso delle sole regolarità del sistema osservato. La complessità algoritmica (l'informazione algoritmica) invece, esprime in maniera concisa l'intera stringa corrispondente al messaggio: elementi di casualità compresi.

---

13 Va anche precisato, tuttavia, che qualora si tenti di *risolvere* le equazioni di Newton per sistemi con tre o più corpi, ci si imbatte in problemi dinamici di tale complessità da richiedere notevoli approssimazioni. Rimane il fatto che possiamo comunque scrivere in forma concisa gli insiemi di equazioni, cioè le leggi dinamiche a cui i corpi soggetti a mutua gravità devono obbedire. In questo senso le stringhe-messaggio che descrivono il comportamento di tali sistemi non sono algoritmicamente casuali perché comprimibili.

La *complessità effettiva* di un sistema va riferita a un altro sistema complesso che lo osserva. Il sistema che osserva identifica delle regolarità nel sistema osservato e produce una descrizione il più possibile concisa dello schema individuato. La descrizione del flusso dei dati non è completa: solo le regolarità identificate entrano a far parte di essa. Estraendo dai dati disponibili le regolarità, il sistema che osserva distingue la casualità dalla regolarità. La complessità effettiva del sistema osservato è rappresentata dalla lunghezza dello schema, cioè della descrizione concisa delle regolarità effettuata dal sistema complesso che osserva o, se preferiamo, che è investito dal flusso di informazioni.

Consideriamo ora una stringa che possiede un bassissimo contenuto di informazione algoritmica. Come ormai sappiamo, deve trattarsi di una stringa priva di elementi casuali. In altre parole si tratta di una stringa molto ordinata, regolare, ripetitiva, assai comprimibile. Un sistema che riceve un messaggio codificato da questa stringa individuerà immediatamente quell'unico elemento di regolarità presente e lo descriverà con un brevissimo algoritmo: diciamo che se la stringa fosse la "101010...10" il sistema estrarrebbe dai dati il semplice schema "La stringa '10' viene ripetuta per *n* volte". Ne segue che a un basso valore di complessità algoritmica corrisponde anche un basso valore di complessità effettiva.

Supponiamo ora che il nostro sistema osservi una stringa completamente priva di elementi di regolarità, una stringa casuale corrispondente a un messaggio il cui contenuto di informazione algoritmica sia massimo: in questo caso, non individuando alcuno schema, il sistema attribuirà valore nullo alla complessità effettiva del messaggio ricevuto.

Abbiamo così scoperto che la complessità effettiva di un sistema è piccola sia quando l'informazione algoritmica è poca che quando il suo contenuto è elevato. Sarà, invece, per qualche valore intermedio dell'informazione algoritmica che la complessità effettiva raggiungerà il suo valore massimo. In altri termini possiamo affermare che la complessità effettiva è grande solo per sistemi che non sono né ordinati né disordinati.

Dobbiamo ricordare che la complessità effettiva di un dato sistema complesso adattativo va sempre messa in relazione con un altro sistema complesso adattativo che osserva il primo tentando di individuare delle regolarità nel flusso di informazioni che lo investono. La lunghezza della descrizione concisa delle regolarità che il sistema osservatore individua nel sistema osservato è la complessità effettiva relativa al sistema osservatore (qui il concetto di osservazione è usato, naturalmente, in senso lato: non si tratta necessariamente dell'osservazione effettuata con gli occhi). L'osservatore individuerà dati interessanti solo quando l'informazione algoritmica recata dal sistema osservato assume valori né troppo piccoli né troppo elevati. I due casi estremi di ordine completo e di casualità massima sono infatti entrambi descritti da uno schema molto breve: nel primo caso perché l'ordine è tale da rendere le regolarità esprimibili in poche righe di programma; nel secondo perché non c'è alcuna regolarità da descrivere. In effetti possiamo dire che la complessità effettiva è quella parte dell'intero flusso di dati che presenta elementi d'ordine. Perciò, perché essa sia elevata, è necessario che il contenuto di informazione algoritmica sia sì grande ma non massimo.

3 Sistemi viventi

Informazione biologica

Sono circondato dai faggi, un formicaio poco distante brulica di attività, un'ape esegue la sua danza caratteristica a beneficio delle compagne. Sta comunicando loro di aver trovato del cibo: è abbondante, chiarisce, e di ottima qualità. Mi aggiro per il bosco osservando con attenzione il terreno: è piovuto, durante la notte, e nutro la segreta speranza di trovare un bel po' di funghi. Il fitto fogliame è baciato, qua e là, da raggi di luce. Scorgo anche delle persone, distanti. Ridono, si chiamano tra loro ad alta voce. Sono circondato dalla vita, un tipo di complessità assai particolare. Complessità organizzata.

Qual è la sede dell'informazione biologica? Dove e come sono codificate le informazioni che permettono a una cellula uovo fecondata di moltiplicarsi e differenziarsi, dare origine a un organismo complesso, strutturato, relativamente autonomo, in grado di riprodursi? E capace, in certi casi, di produrre ulteriore complessità, complessità culturale? È possibile caratterizzare la complessità organizzata, la qualità dell'informazione biologica, la profondità del messaggio genetico? Potrebbero esistere forme differenti di vita, basate su un codice diverso, su altri meccanismi e mattoni chimici?

A molte di queste domande la scienza, con il suo incedere lento ma certo, ha saputo fornire risposte adeguate e assai soddisfacenti. Altri problemi, che qui solo elenchiamo ma non affronteremo, sono l'oggetto delle ricerche più recenti: come si è originata la vita? Esiste altrove nel cosmo? La vita sulla Terra forse proviene proprio dalle profondità dello spazio?

I *geni* sono gli elementi del patrimonio ereditario: come vedremo ogni gene codifica per una o più specifiche catene polipeptidiche. Il *genoma* o *patrimonio genetico* è l'insieme dei geni, cioè una lunghissima serie di istruzioni che permettono di sintetizzare tutte le catene polipeptidiche di cui ha bisogno ogni organismo vivente. Ogni catena polipeptidica è codificata da un gene e svolge un preciso ruolo biologico. Le istruzioni sono conservate in macromolecole che si trovano nei cromosomi di tutte le cellule di ogni individuo. Queste lunghe macromolecole (acido desossiribonucleico o DNA) presenti in tutti i tipi cellulari sono costituite da quattro differenti generi di molecole dette *nucleotidi* o *basi azotate*: l'*adenina*, la *guanina*, la *citosina* e la *timina*. Per gli organismi umani le macromolecole di DNA sono costituite da tre miliardi di nucleotidi.

La replicazione del DNA

Ogni cellula umana contiene quarantasei piccole fibre, i *cromosomi*. Due di questi (indicati con le lettere X e Y) determinano il sesso di ogni individuo. Gli altri quarantaquattro appartengono a ventidue tipi differenti: così ogni essere umano possiede due copie di ognuno dei ventidue tipi di cromosoma e due cromosomi che ne definiscono il sesso. Chi possiede la coppia di cromosomi sessuali XX è una femmina. Chi possiede la coppia XY è un maschio. Ogni individuo produce *gameti* (*cellule-uovo* le femmine, *spermatozoi* i maschi) contenenti esattamente ventitré cromosomi: una copia di ognuno dei ventidue tipi di cromosoma più uno dei due cromosomi sessuali. Le femmine producono un solo tipo di gamete perché esse sono caratterizzate da due cromosomi sessuali X. I maschi producono invece due tipi di gamete: uno caratterizzato dalla presenza del cromosoma sessuale X e l'altro dalla presenza del cromosoma sessuale Y. Il nascituro sarà di sesso maschile se riceverà un cromosoma X dalla madre e un cromosoma Y dal padre. Sarà di sesso femminile se riceverà un cromosoma X dalla madre e un cromosoma X anche dal padre.

Ogni tipo di cromosoma contiene segmenti di una lunga catena di un'importante macromolecola: l'*acido desossiribonucleico* o *DNA*. Le diverse catene di DNA contenute nei vari cromosomi di ogni individuo serbano, opportunamente codificate, le informazioni biologiche necessarie al funzionamento del suo organismo.

Il DNA, come abbiamo anticipato, è una lunga molecola formatasi per polimerizzazione lineare di quattro tipi di differenti molecole, i nucleotidi o basi azotate: si tratta dell'adenina, della guanina, della citosina e della timina. Nel seguito utilizzeremo le loro iniziali, rispettivamente A, G, C e T, per individuare i differenti nucleotidi costituenti il DNA. L'acido desossiribonucleico è costituito da due lunghe catene di nucleotidi unite tra loro da deboli legami trasversali. La struttura, è noto, è quella di una doppia elica: globalmente si tratta di quella più probabile per una molecola lineare. Un'elica si ottiene infatti come risultato delle due operazioni di simmetria traslazionale e rotazionale. A causa di questa struttura altamente simmetrica il DNA può essere considerato come una sorta di cristallo: ma poiché la sequenza di nucleotidi non è ripetitiva esso è un cristallo non periodico.

Il meccanismo di replicazione del DNA è basato sul seguente semplice principio: ogni molecola ha una forma geometrica precisa ed è in grado di *riconoscere*[14] la forma di altre molecole. In effetti possiamo dire che le proprietà biologiche dipendono in gran parte dalla struttura tridimensionale che assumono le varie molecole.

Ogni nucleotide della sequenza di ognuno dei due filamenti si comporta come un germe cristallino: l'adenina ha una forma che si adatta perfettamente a quella della timina. La forma della guanina è tale da adattarsi con precisione a quella della citosina. In altre parole l'adenina tende ad associarsi con la timina. Analogamente la guanina realizza un legame non covalente con la citosina. I due filamenti sono pertanto complementari e, se dissociati in una molecola di DNA, ricostruiscono due molecole di DNA identiche a quella di partenza (a parte i non rari errori che sono riparati dal DNA *repair*, un sistema altamente specifico). È bene precisare che la replicazione del DNA non è un processo spontaneo. Si tratta, piuttosto, di un processo altamente controllato, regolato e mediato da molte proteine, la principale delle quali è la DNA polimerasi.

Questo è il segreto della replicazione del DNA. Le forze trasversali

[14] Qui l'espressione riconoscere non va, naturalmente, intesa alla lettera. Le molecole, per quanto complesse, non sono certo provviste di occhi e di cervello.

che legano le basi azotate delle due catene componenti la doppia elica del DNA sono assai deboli e, allorché una parte della doppia elica si divide, si accrescono nuovi filamenti che riproducono fedelmente l'informazione biologica recata dai due filamenti iniziali.

Proteine

Abbiamo in più occasioni dichiarato che nel DNA sono inserite le istruzioni per il funzionamento di un organismo. Che cosa esattamente intendiamo dire con questo?

Il corpo di tutti gli organismi viventi è prevalentemente costituito da macromolecole chiamate *proteine*. Vi sono moltissimi tipi di proteine e ognuna di esse svolge una funzione specifica. Ma le proteine non rappresentano esclusivamente materiale da costruzione per le differenti parti del nostro corpo: vi sono proteine, chiamate *enzimi*, che hanno la funzione di catalizzare specifiche reazioni e proteine *regolative* che controllano la produzione delle proteine dei tre tipi. Un organismo è, in effetti, una macchina chimica. L'insieme della reazioni chimiche che ne regolano il funzionamento reca il nome di *metabolismo*. Il rendimento di questo complesso di reazioni chimiche è reso elevato dalla presenza degli enzimi. Si può certamente affermare che le proteine rappresentano sia il principale materiale con cui sono fabbricate le nostre cellule che i catalizzatori della macchina biologica. La gran parte dei dati immagazzinati nel DNA di un organismo conservano le istruzioni per la costruzione di tutte le proteine di cui quell'organismo ha bisogno per crescere, svilupparsi e, in ultima analisi, vivere.

Una proteina è una macromolecola costituita da una o più catene di atomi dette *catene polipeptidiche* o *proteiche*. Ognuna è il risultato della polimerizzazione di una sequenza di componenti elementari chiamati *amminoacidi*.

Esistono solo venti tipi di amminoacidi differenti e ogni proteina è caratterizzata dall'ordine con il quale i vari amminoacidi che la costituiscono si susseguono. Una volta sintetizzate, moltissime proteine (la gran parte), per poter essere funzionali hanno bisogno di realizzare un appropriato ripiegamento. Tale ripiegamento non avviene in modo spontaneo: è mediato da altre proteine e complessi proteici, frutto di una evoluzione altamente specifica. Il numero di potenziali proteine è davvero enorme. Una proteina normalmente è costituita da un numero di amminoacidi che va da cento a diecimila e il numero di potenziali proteine costituite da n amminoacidi è pari a 20^n.

Va detto infine che esistono due classi differenti di proteine: filamentose e globulari. Le proteine filamentose sono molto lunghe e svolgono perlopiù funzioni meccaniche. Le proteine più numerose sono quelle globulari che si realizzano per ripiegamento dei lunghi filamenti ottenuti in seguito alla polimerizzazione sequenziale.

Il codice genetico

Abbiamo dunque a disposizione un alfabeto costituito dalle quattro lettere A, C, G e T e desideriamo utilizzarlo per identificare i venti differenti amminoacidi. Se utilizzassimo un solo carattere per volta potremmo indicare esclusivamente quattro amminoacidi. Usando coppie di caratteri avremmo la possibilità di individuare $4^2 = 16$ configurazioni differenti: non sarebbero ancora sufficienti. Se tuttavia utilizziamo parole costituite da tre caratteri, disponendo di un alfabeto di quattro lettere, possiamo identificare ben $4^3 = 64$ differenti configurazioni: un numero più che sufficiente per codificare venti amminoacidi. Non solo: è possibile anche introdurre alcuni segni di interpunzione nonché consentire che triplette differenti possano identificare il medesimo amminoacido. Così le *parole* genetiche TTT e TTC identificano entrambe la fenilalanina. La glutammina invece viene espressa, nel linguaggio genetico, da una delle seguenti parole: CAA o CAG. Ci sono poi sei parole differenti che identificano l'arginina: CGT, CGC, CGA, CGG, AGA e AGG; e così via per ognuno dei venti amminoacidi. La cosa importante da notare è che, se esistono più parole che permettono di individuare un dato amminoacido, non è mai vero il contrario: non esiste cioè alcuna ambiguità nella lettura del codice. Ogni data tripletta, se escludiamo le tre triplette nonsenso TAA, TAG e TGA, identifica un solo e ben definito amminoacido. Quanto a queste tre triplette, esse sono utilizzate per codificare lo stop, vale a dire la fine della catena polipeptidica. Per questo sono chiamate talora *triplette di terminazione*.

L'informazione biologica immagazzinata nel DNA delle nostre cellule fornisce dunque le istruzioni per costruire tutte le proteine di cui abbiamo bisogno. Più precisamente c'è una regione di ogni gene, chiamata *regione codificante*, contenente la sequenza di nucleotidi che, letti a tre a tre, forniscono la corretta sequenza di amminoacidi necessari per sintetizzare la proteina specificata da quel gene. Da notare che per stabilire dove inizia la regione codificante di ogni dato gene si deve cercare la tripletta ATG: essa è l'unica sequenza che codifica l'amminoacido metionina e rappresenta, per ogni gene, il punto da cui ha inizio la descrizione in codice della proteina da sintetizzare. A partire da questa tripletta, leggendo di seguito le successive sino a una delle tre triplette nonsenso, è possibile tradurre e quindi identificare la sequenza di amminoacidi nell'esatto ordine necessario per fabbricare la corrispondente proteina. A monte e a valle delle regioni codificanti dei geni esistono poi sequenze di nucleotidi che svolgono funzioni regolative qual è, ad esempio, l'espressione genica. Così solo una piccola parte di ogni dato gene (la cosiddetta regione codificante) custodisce le informazioni necessarie per la sintesi della corrispondente proteina.

L'enigma del codice

Il codice genetico potrebbe benissimo essere differente da quello che conosciamo: non c'è alcuna ragione evidente, per quanto se ne sa oggi, per cui a una data tripletta di nucleotidi debba essere associato proprio quell'amminoacido e non un altro. Infatti i nucleotidi e gli amminoacidi necessitano, per riconoscersi, di intermediari. Codici differenti da quello che conosciamo, e che peraltro sembra assai universale dal momento che interessa tutte le forme viventi investigate fino a oggi, sarebbero, in principio, possibili. Quanto intendo dire è che se pensiamo al DNA come a una rappresentazione interna delle conoscenze e dei meccanismi necessari per sostenere la vita di un organismo, l'evoluzione avrebbe potuto benissimo inventare un codice differente. Perché tra i miliardi e miliardi di codici possibili, tutti basati su gruppetti di nucleotidi associati a insiemi di amminoacidi, l'evoluzione ha selezionato proprio questo?

E perché l'alfabeto genetico è costituito proprio da quattro caratteri e non, ad esempio, da due? Perché, poi, utilizzare proprio venti amminoacidi anziché otto o, non so, diciassette? Secondo Paul Davies, la scelta dei numeri potrebbe essere il frutto di un buon compromesso, vale a dire di un'ottimizzazione legata al fatto che la quantità di amminoacidi deve essere sì grande, perché lo sia anche quella delle possibili proteine, ma non troppo grande, per evitare che si accresca troppo la probabilità di errori di traduzione. Ma tra tutti i possibili codici realizzabili con triplette di quattro differenti nucleotidi associate a venti differenti amminoacidi non è certo facile individuare la ragione per cui il codice genetico che conosciamo sia stato favorito.

Va osservato che, tra i miliardi di codici possibili, forti restrizioni hanno incoraggiato l'affermarsi del codice che abbiamo descritto: il codice principale. Le proprietà chimico fisiche degli amminoacidi e altri fattori molto complessi hanno promosso il codice principale. Va qui precisato, per ragioni di completezza, che il DNA contenuto nei mitocondri, nei cloroplasti ed anche quello nucleare di alcuni lieviti, come *Candida albicans*, ha codici leggermente diversi da quello principale e che, inoltre, l'mRNA sintetizzato nei mitocondri o nei cloroplasti deve essere tradotto negli organelli poiché nel citoplasma codificherebbe qualcosa di diverso.

In ogni caso, per usare un'espressione cara a Francis Crick, il codice genetico principale è un esempio di accidente cristallizzato e, ammettendo che siano esistite condizioni analoghe a quella in cui si trovò la nostra Terra nelle epoche primordiali anche altrove nell'universo, è comunque pensabile e ammissibile che esse abbiano dato origine a forme di vita basate su codici genetici differenti dal nostro.

Trascrizione, trasporto e traduzione dell'informazione biologica

Se consideriamo le cose dal punto di vista del DNA noi, organismi viventi, non rappresentiamo che dei pretesti per la sua replicazione. Per la replicazione dei singoli geni, a voler essere ancora più precisi: "la combinazione di geni che costituisce ciascun individuo – annota a questo proposito Richard Dawkins – può essere di breve durata, ma i geni hanno una durata potenziale lunghissima; le loro strade continuano a incrociarsi lungo le generazioni. Un gene può essere considerato come un'unità che sopravvive attraverso un gran numero di corpi individuali successivi." Il DNA è una lunghissima sequenza di informazioni biologiche, cioè di geni che si trovano in piccole fibre, i cromosomi, all'interno dei nuclei di tutte le cellule di tutti gli organismi viventi: ma senza quegli organismi, pianificati in tutte le loro espressioni biologiche nei dati gelosamente custoditi nella biblioteca del DNA, quest'ultimo non potrebbe replicarsi così facilmente. Il DNA è, sostanzialmente, un conservatore di informazioni: esso ha bisogno di un intero organismo fatto di cellule per potersi replicare con efficienza. L'organismo si preoccupa di trovare il cibo, cioè l'energia necessaria a favorire e realizzare i processi chimici che sostengono la macchina biologica, e di sfuggire i pericoli: si fa carico di procurare il materiale che serve per la costruzione delle cellule nei cui nuclei il DNA trova rifugio.

Il punto di vista appena esposto è basato sulla teoria del *gene egoista* di Richard Dawkins. Come ogni teoria scientifica, quella di Dawkins non è l'unica possibile: essa non è condivisa da tutti i biologi. Numerosi biologi molecolari, evoluzionisti e genetisti delle popolazioni ritengono che l'evoluzione operi a livello di individui nelle popolazioni che, se isolate, possono formare nuove specie. Con una pressione selettiva che non agisce sul solo DNA.

In ogni caso il DNA ha bisogno delle proteine. È proprio la collaborazione tra il DNA e le proteine che rende possibile la vita. Il DNA contiene le informazioni su come costruire le proteine. Ma le proteine, a loro volta, fabbricano le pareti della cellula che proteggono il DNA e controllano il complesso di reazioni chimiche che consente la vita dell'organismo. Rendendo, in particolare, assai efficiente il processo di replicazione del DNA di generazione in generazione. Tenendo conto che il DNA esiste da più di tre miliardi di anni, possiamo certamente affermare che il tacito accordo di mutuo soccorso tra DNA e organismi viventi è risultato assai soddisfacente per entrambi.

Il DNA è racchiuso nel nucleo cellulare a custodire informazioni e a replicarsi ad ogni divisione cellulare: come avviene, allora, la decodificazione del messaggio genetico e la successiva sintesi delle catene proteiche? Dobbiamo qui introdurre, per procedere, un'altra molecola assai importante per i processi biologici: si tratta dell'acido ribonucleico, abbreviato in RNA.

L'RNA è una molecola molto simile al DNA: anche l'RNA è costituito da quattro nucleotidi che sono l'adenina, la guanina, la citosina e l'uracile. L'uracile (U) è simile alla timina e la sostituisce nell'alfabeto del codice genetico. Un'altra differenza tra le catene di DNA e quelle di RNA consiste nella loro lunghezza. Una molecola di RNA ha lunghezza più o meno uguale a quella della regione codificante di un gene. La maggior parte delle molecole di RNA presenti in una cellula sono copie dei diversi geni: si tratta del cosiddetto mRNA o RNA *messaggero*. L'utilità di questa molecola deriva dal fatto che essa può tra-

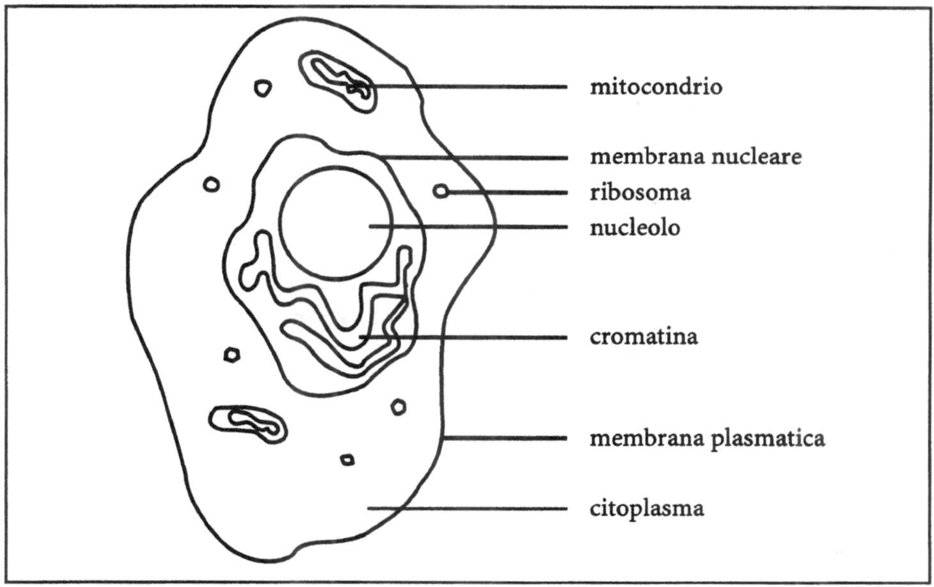

Fig. 3.1. Rappresentazione schematica della struttura di una cellula animale. Sono evidenziati solo alcuni degli elementi che la costituiscono. La *membrana plasmatica* avvolge la cellula e racchiude il *citoplasma*. Quest'ultimo è composto di acqua, sali minerali e sostanze organiche. Nel citoplasma si trovano molti organelli (*mitocondri*, *ribosomi*, *reticolo endoplasmatico*, *apparato di Golgi*, *lisosomi*) che svolgono varie funzioni. In figura abbiamo evidenziato i mitocondri, all'interno dei quali si realizzano i processi chimici relativi alla respirazione cellulare, ed i ribosomi, adibiti alla costruzione delle proteine. La *membrana nucleare* racchiude il nucleo della cellula consentendo il passaggio di sostanze dal nucleo al citoplasma. All'interno del nucleo abbiamo evidenziato il *nucleolo* e la *cromatina*. La cromatina, durante la riproduzione, origina i *cromosomi*, responsabili della trasmissione dei caratteri ereditari.

sferirsi dal nucleo della cellula al citoplasma (Fig. 3.1). Pertanto, effettuata la *trascrizione* della regione codificante di un particolare gene dal DNA su una catena di mRNA, quest'ultima potrà trasferire l'informazione relativa fuori dal nucleo[15]. Le informazioni necessarie per far

[15] I geni degli eucarioti hanno, nella maggior parte dei casi, una struttura un po' più complicata di quella descritta nel testo. Si chiamano *esoni* le parti di un gene che si trovano nell'RNA messaggero; *introni* le altre. Un gene è una sequenza di esoni e di introni che si succedono: una trascrizione primaria del gene completo si realizza su una molecola di RNA pre-messaggero. Prima di uscire dal nucleo cellulare, l'RNA pre-messaggero si trasforma nel vero e proprio RNA messaggero mediante l'eliminazione dei tratti corrispondenti agli introni e la realizzazione di una molecola costruita con i soli tratti corrispondenti agli esoni.

uscire l'mRNA dal nucleo e per stabilire il numero di molecole della proteina da sintetizzare si trovano, almeno in parte, a monte e a valle della regione codificante del gene.

Nel citoplasma si trova una particolare regione ricca di *ribosomi*: si tratta di microorganelli cellulari assai complessi formati da proteine e da RNA. I ribosomi fungono da sostegno per l'mRNA e possono essere considerati le fabbriche o i banchi di lavoro in cui vengono sintetizzate le catene proteiche. La sintesi della catena polipeptidica avviene grazie a piccole molecole stabili di RNA chiamate RNA *di trasferimento* o tRNA. Per ogni tripletta di nucleotidi esiste una molecola di tRNA e ogni molecola di tRNA porta legato a sé un unico tipo di amminoacido. Durante la sintesi della catena polipeptidica, l'mRNA espone le varie unità di informazione biologica. Consideriamo una data tripletta. Solo il tRNA che trasporta l'amminoacido corrispondente a quell'unità di informazione è in grado di riconoscere il tratto di RNA messaggero esposto e di legarvisi, perché solo quella molecola di tRNA ha la forma giusta per farlo. Le altre molecole di tRNA non hanno la forma adatta per legarsi al tratto di mRNA esposto. Una volta che l'amminoacido corretto è arrivato esso si salda al resto della catena polipeptidica realizzata sino a quel momento grazie a un enzima che catalizza la formazione di un legame con l'amminoacido che si trova all'estremità della catena. La molecola di tRNA precedente si stacca e la catena polipeptidica realizzata sino a quel momento rimane attaccata al tRNA appena giunto. In tal modo la fabbricazione della catena polipeptidica procede, un amminoacido per volta, fino al raggiungimento della tripletta di stop. A questo punto la catena polipeptidica è stata realizzata e può staccarsi dal ribosoma. Il processo non è concluso: come sappiamo le proteine non rimangono distese ma si ripiegano su se stesse per assumere la loro struttura tridimensionale. Questo processo di ripiegamento, che può richiedere qualche secondo, fa assumere alle molecole proteiche la loro forma definitiva, fondamentale per lo svolgimento delle loro funzioni. Pertanto mentre il DNA contiene esclusivamente le informazioni sulla corretta sequenza degli amminoacidi che compongono ogni data proteina, una volta sintetizzato il filamento si ripiega su se stesso al fine di assumere la configurazione globulare necessaria per lo svolgimento delle sue funzioni.

Ora: la quantità di informazioni che specifica la struttura tridimensionale di una proteina globulare è molto maggiore della quantità di informazioni definita dalla semplice sequenza degli amminoacidi. In altri termini l'informazione contenuta nella regione codificante di un gene è inferiore a quella che si ritrova poi nella proteina corrispondente. Il numero di bit di informazione necessari per specificare la sequenza di una catena polipeptidica di *n* amminoacidi è facilmente calcolabile, mediante la teoria di Shannon[16]. Ma a questa informazione va aggiunto un numero di bit, non calcolabile con altrettanta facilità, atti a descrivere la struttura tridimensionale della molecola proteica (la cui forma si è affermata nel corso dell'evoluzione per pressione selettiva). Tra tutte le possibili conformazioni ripiegate, la molecola proteica ne sceglie autonomamente una specifica: quella necessaria per la sua attività funzionale. Questo significa che la molecola passa a uno stato di ordine superiore. Come si realizza questo abbassamento di entropia per la molecola proteica?

Si realizza come sempre: scaricando cioè entropia nell'ambiente. "I radicali amminoacidici che costituiscono la sequenza - precisa Jacques Monod - sono per metà, circa, 'idrofobi', cioè si comportano come l'olio nell'acqua: tendono a raggrupparsi staccandosi dalle molecole d'acqua. In seguito a tale azione, la proteina assume una struttura compatta, immobilizzando, per contatto reciproco, i radicali che la costituiscono; da ciò deriva per essa un aumento d'ordine (o neghentropia) compensato dall'espulsione di molecole d'acqua che, *liberate*, accrescono il disordine, cioè l'entropia del sistema".

L'arricchimento di informazione legato al particolare ripiegamento della molecola riguarda, in sostanza, le condizioni in cui l'informazione genetica si esprime effettivamente: la proteina si realizza in fase acquosa ed entro dati limiti di temperatura. Sono queste condizioni che impongono alla catena lineare di scegliere quel dato tipo di configurazione tridimensionale e solo quello: "Di conseguenza le condizioni iniziali - prosegue Monod - danno il loro contributo all'informazione che si trova racchiusa alla fine nella struttura globulare, ma non per questo la specificano, soltanto eliminano le altre strutture possibili e propongono così, o piuttosto impongono, un'in-

---

16 È pari al logaritmo in base due di 20^n. Ricordiamo che 20 è il numero di amminoacidi possibili.

terpretazione univoca di un messaggio parzialmente equivoco a priori". È pertanto l'ambiente cellulare a fornire alla proteina appena sintetizzata l'informazione mancante: le condizioni ambientali selezionano la configurazione tridimensionale da conferire alla catena polipeptidica perché essa possa svolgere correttamente le sue funzioni.

Quantità e profondità dell'informazione biologica

Siamo ritornati al problema dell'informazione, cercando di capire a cosa fosse dovuta la spontanea crescita di informazione (nel senso della teoria di Shannon) che si realizza con il ripiegamento delle catene proteiche. Ma che cos'altro possiamo osservare sull'informazione codificata nei geni? Che dire, in particolare, dell'*informazione algoritmica* del nostro patrimonio genetico? Ricordiamo che il contenuto di informazione algoritmica di una stringa è assai piccolo quando essa è molto comprimibile. La stringa "101...101", costruita ripetendo la sequenza "101" per un miliardo di volte, reca un infimo contenuto di informazione algoritmica, dal momento che può essere compressa nel breve algoritmo seguente: "Stampa per un miliardo di volte 101". Il massimo contenuto di informazione algoritmica si trova invece in stringhe casuali: e, va detto, per ogni data lunghezza, la maggior parte delle stringhe è costituita da sequenze non comprimibili. Ognuna di esse è caratterizzata dal fatto che il più breve algoritmo in grado di generarla è rappresentato dall'ordine "Stampa" seguito dalla stringa scritta per esteso. Queste stringhe sono prive di qualunque regolarità: non esistono leggi che permettano di esprimerle in una forma compressa. Abbiamo imparato che non sempre stringhe casuali sono anche algoritmicamente casuali. Esistono cioè stringhe che, pur non mostrando alcuna evidente regolarità, sono tuttavia comprimibili. Queste stringhe possiedono anch'esse un basso contenuto di informazione algoritmica.

In generale il contenuto di informazione algoritmica può essere pensato come una funzione che assume valori molto piccoli per messaggi molto ordinati. È invece molto grande quando si riferisce a messaggi (algoritmicamente) casuali. Così sistemi molto ordinati recano una bassa informazione algoritmica: è il caso dei cristalli, configurazioni ordinate di atomi che ripetono periodicamente una struttura tridimensionale. Possiamo certo affermare che un cristallo ha un piccolo contenuto di informazione algoritmica [17].

Il genoma umano contiene una grande quantità di informazione algoritmica. Supponiamo di codificarlo associando a ognuna delle quattro basi della doppia elica del DNA una stringa binaria: "00" per l'adenina, "01" per la guanina, "10" per la citosina e "11" per la timina. In tal modo possiamo immaginare di esprimere tutte le informazioni contenute nel DNA di una persona (voi, diciamo) codificandole in una lunghissima sequenza di cifre binarie. Nessuno si aspetta che la sequenza così ottenuta sia molto comprimibile: sarebbe equivalente ad attendersi che esista una legge [18] in grado di racchiudere in una semplice formula matematica la vostra personalità, l'intelligenza, la coscienza, le vostre abilità, i talenti ecc.

Non esiste alcun breve algoritmo che permetta di descrivere in maniera concisa le informazioni codificate nel vostro DNA, ovviamente. Per stampare, mediante un programma di calcolo, l'estesissima sequenza di cifre binarie che otterremmo con la nostra codifica, sarebbe necessario un algoritmo la cui lunghezza – mi si permetta di ipotizzare – sarebbe prossima a quella della stringa stessa [19]. Avremmo cioè a che fare con una successione di cifre binarie a cui corrisponderebbe un'enorme casualità algoritmica. Ci troviamo così a dover affrontare una situazione un po' imbarazzante. Se gli eventi di mutazione che si sono susseguiti per milioni di anni, e prima dell'uomo, per miliardi di anni sono stati casuali e il genoma è costituito da una sequenza con alto contenuto di informazione algoritmica, come si spiega l'elevato livello di organizzazione degli esseri viventi? Dopotutto

17 Nell'ambito della teoria di Shannon l'entropia di un sistema è definibile come la nostra ignoranza relativa al microstato in cui il sistema si trova. Se il sistema si trova in un macrostato di alta entropia (stato disordinato), abbiamo bisogno di molti bit per determinare il corrispondente microstato. Se invece l'entropia è bassa (stato ordinato) basteranno pochi bit per determinarne il microstato. Un cristallo ordinato possiede un basso contenuto di informazione algoritimica pur essendo piccola la nostra ignoranza relativa al microstato in cui esso si trova.

18 Analoga a quella di Newton per i corpi celesti.

19 Una lunghezza veramente notevole: ricordo che la quantità di nucloetidi del genoma umano è pari a tre miliardi e basterebbe a riempire tutti i volumi di un'intera biblioteca. Anche se, come è stato accertato, il 70-80% del DNA degli eucarioti superiori non è codificante per alcuna proteina o forma di RNA, e le parti di DNA prive di funzione vanno trascurate dal programma di stampa, la sua lunghezza sarebbe in ogni caso considerevole.

se gettaste alla rinfusa una manciata di molecole su un prato fiorito, non vi aspettereste certo di vederle disporsi in una configurazione tale da sollevarsi in volo assumendo la forma precisa di una farfalla!

Prima di procedere va chiarito che le parole ordine e organizzazione non vanno confuse: esse esprimono, infatti, concetti differenti. Ma il fatto rilevante, vedete, è il seguente: se generiamo a casaccio una sequenza *poco comprimibile* avente la stessa lunghezza di quella del DNA umano, è praticamente certo che non otterremo una successione corrispondente a un genoma potenziale. In altri termini, sebbene il genoma sia casuale [20] (proprio perché deve contenere molta informazione algoritmica) la maggior parte delle sequenze casuali che possiamo generare combinando nucleotidi alla rinfusa non codificherà nessun potenziale genoma. "Al contrario. Solo una minima, minuscola frazione di tutte le sequenze casuali possibili avrebbe una pur remota funzionalità biologica. Un genoma funzionale *è* una concatenazione casuale di basi, ma non è una concatenazione casuale *qualsiasi.*" Lo annota Paul Davies: una concatenazione che abbia una funzionalità biologica deve appartenere a quel piccolissimo sottogruppo di sequenze casuali codificanti informazioni che abbiano un senso dal punto di vista biologico.

Consideriamo ora la complessità effettiva. Ricordo che la complessità effettiva del genoma è la lunghezza della sua parte significativa. Certamente essa è in relazione con la complessità dell'organismo: ma non sembra una misura adeguata o, per lo meno, non è sufficiente. Se confrontiamo il genoma umano con quello delle grandi scimmie antropomorfe ci rendiamo immediatamente conto della necessità di introdurre concetti più sofisticati. Quello di *complessità potenziale*, ad esempio, così descritto da Murray Gell Mann: "Quando un piccolo mutamento in uno schema permette a un sistema complesso adattativo di creare, nell'arco di un certo periodo di tempo, una grande quantità di nuova complessità effettiva, si può dire che il livello di complessità potenziale dello schema si è grandemente accresciuto". La complessità potenziale è in relazione con la capacità di generare

20 Richiamiamo nuovamente l'attenzione sul fatto che non tutto il DNA è codificante. Nel DNA non codificante esistono sequenze ripetute che hanno casualità algoritmica praticamente trascurabile. Una curiosità: la distribuzione delle sequenze ripetute viene utilizzata per l'identificazione degli individui. Si tratta di una vera e propria "impronta digitale" molecolare.

nuova complessità effettiva modificando di poco uno schema: pochi mutamenti rispetto alle scimmie antropomorfe hanno permesso di produrre una grande quantità di nuova complessità effettiva, vale a dire la complessità culturale. Charles Bennet, del Watson Research Center dell'IBM, ha introdotto l'importante concetto di profondità: anche la profondità, come la complessità effettiva massima, è piccola sia quando il contenuto di informazione algoritmica è piccolo sia quando esso è grande. Invece la profondità può essere considerevole nelle regioni comprese tra l'ordine e il disordine. Ma come si definisce la profondità di Bennet? Consideriamo, come sempre, una stringa di cifre binarie che rappresenti un messaggio di qualche tipo. Immaginiamo anche di possedere un calcolatore senza limiti di memoria: se non ci piace ragionare su calcolatori con memoria infinita (che, naturalmente, non possono esistere) possiamo farci un'idea della situazione immaginando calcolatori che, quando ne hanno bisogno, possano aumentare la loro memoria della quantità desiderata. Anziché limitarsi al programma più breve in grado di stampare la stringa per poi porre fine al calcolo, Bennet calcola una speciale media dei *tempi* di elaborazione impiegati da un serie di programmi realizzati per effettuare quel compito. La media è speciale in quanto viene assegnato un peso maggiore ai programmi più brevi. Questa (speciale) media dei tempi di elaborazione è in relazione con la profondità della stringa. Tra tutti i sistemi naturali, quelli molto profondi sono i viventi perché hanno impiegato tempi (di elaborazione) lunghissimi per evolvere. La complessità organizzata tipica degli esseri viventi non è, in sostanza, definibile semplicemente calcolando il contenuto di informazione del loro genoma ma considerando piuttosto il tempo necessario per generare quell'informazione. "Le informazioni genetiche contenute nel DNA umano, ad esempio, – precisa Paul Davies – non sono comparse tutte insieme, ma sono il risultato di una lunga e complessa sequenza di passaggi evolutivi, ognuno dei quali ha affinato e scartato delle informazioni. Ricreare tutti quei passaggi vorrebbe dire elaborare una enorme quantità di informazioni".

Caso

Il concetto di contenuto di informazione algoritmica non può essere dunque sufficiente a caratterizzare la complessità dei sistemi viventi:

due stringhe casuali di uguale lunghezza recanti lo stesso contenuto di informazione algoritmica possono infatti differire per la *qualità* dell'informazione che recano. "Un genoma funzionale è *sia* casuale *sia* specifico – argomenta Paul Davies – per quanto le due proprietà sembrino contraddittorie. [...] Sappiamo che il caso può produrre casualità, e sappiamo che le leggi possono portare a un risultato specifico e prevedibile. [...] Le mutazioni casuali unite alla selezione naturale sono un meccanismo a colpo sicuro per generare informazione biologica, e trasformare nel corso del tempo un breve genoma casuale in un genoma casuale più lungo."

In altre parole, come c'era da aspettarsi, il giusto equilibrio si realizza grazie ai meccanismi descritti dalla teoria di Darwin: sia il caso (cioè le mutazioni) che la legge (cioè la selezione) sono presenti nella precisa misura necessaria a produrre, avendo a disposizione tempo a sufficienza, informazione biologica. Informazione cioè provvista di significato in relazione all'ambiente in cui si colloca: i dati genetici sono infatti *compresi* dagli amminoacidi. Essi sono simboli a cui è annessa una semantica. Ma cerchiamo di approfondire questo argomento precisando cosa intendiamo per mutazione.

Si chiama *mutazione* l'alterazione della successione di nucleotidi all'interno di un dato gene. Tipicamente se un gene è mutato la relativa proteina risulterà anch'essa alterata. Ci sono molti tipi di mutazione: se la mutazione riguarda un solo nucleotide si parla di mutazione puntiforme. Esistono anche vari tipi di mutazioni puntiformi. È possibile che un nucleotide sia stato sostituito con un altro. Oppure che un nucleotide venga inserito nella sequenza o infine che ne venga cancellato uno. Quando la mutazione puntiforme è una sostituzione essa può essere assolutamente ininfluente: questo accade tutte le volte che la sostituzione produce una tripletta che codifica il medesimo amminoacido. Si parla in tal caso di mutazione sinonima o silente. In altri casi invece la sostituzione fa cambiare significato alla tripletta: la proteina sintetizzata avrà un amminoacido differente nella posizione in cui è avvenuta la mutazione. Una sostituzione che trasformi la tripletta codificante di un certo amminoacido in una delle triplette nonsenso produrrà proteine troncate. L'inserzione o la delezione di un nucleotide altererà l'intera codifica del messaggio genetico da quel punto in poi. Esistono poi mutazioni estese, vale a dire mutazioni che coinvolgono più di un nucleotide.

L'origine delle mutazioni va ricercata in diversi fattori, alcuni casuali, altri ambientali. Il filamento di DNA si replica a ogni divisione cellulare fornendo alle due cellule figlie lo stesso contenuto di informazione genetica della cellula madre. Talora (anche se con una frequenza bassissima) si verifica un errore: quell'errore diverrà stabile perché ogni volta che il DNA mutato si replicherà lo farà riproducendo fedelmente anche la mutazione. Se la cellula in cui è avvenuta la mutazione è *somatica* allora la mutazione non sarà trasmessa alla prole. Se invece la mutazione è avvenuta in una cellula *germinale* allora è possibile che sia trasmessa ai figli. Oltre che dal caso le mutazioni possono trarre origine da fenomeni ambientali. Esistono moltissimi agenti *mutageni*, chimici e fisici.

Possediamo due copie di ogni gene, una su ciascuna copia del cromosoma corrispondente. Una mutazione si dice *recessiva* se, per manifestare i suoi effetti, è necessario che essa sia presente su entrambe le copie del gene. Altrimenti la mutazione si dice *dominante*. Sono recessive le mutazioni che riducono, ad esempio, la quantità di un dato enzima. Il gene non mutato può, in quel caso, contrastare l'azione del gene mutato. Quando invece una mutazione comporta l'esagerazione di una data funzione sarà, generalmente, dominante (dal momento che ben difficilmente i suoi effetti potranno essere compensati dal gene non mutato)[21].

La maggior parte dei nostri caratteri, il colore degli occhi, quello dei capelli ecc., non è specificata da un singolo gene bensì da molti geni. I caratteri che dipendono da un singolo gene sono detti *monofattoriali* e seguono le leggi dell'ereditarietà mendeliana[22]. Nella mag-

---

21 Va anche detto che se una mutazione riguarda uno dei cosiddetti geni *regolatori*, cioè uno di quei geni preposti al controllo dell'attività di un certo numero di geni *strutturali*, può dare origine a una macromutazione: può cioè alterare contemporaneamente molti caratteri nel fenotipo dell'organismo.

22 Per illustrare brevemente l'ereditarietà mendeliana limitiamoci al seguente caso. Consideriamo l'accoppiamento di due individui omozigoti per un gene monofattoriale. Ammettiamo anche che uno dei due individui possieda la copia di alleli AA del gene in questione, mentre l'altro la aa. I figli saranno tutti eterozigoti Aa. Se a è recessivo nessuno dei figli della prima generazione paleserà le caratteristiche del gene monofattoriale a. Se i figli si accoppieranno con altri soggetti eterozigoti Aa, il venticinque percento dei nuovi nati sarà omozigote aa: il carattere recessivo a ricomparirà perciò nei fenotipi della seconda generazione. Queste considerazioni valgono esclusivamente per i geni monofattoriali e le percentuali sono rispettate solo se si effettuano moltissimi incroci. Sui piccoli numeri, naturalmente, sono solo approssimative e non ci si deve aspettare di trovarle realizzate nelle piccole famiglie umane.

gior parte dei casi tuttavia i caratteri sono *multifattoriali*. Va anche detto che per ogni gene esiste un certo numero di forme mutate che sono distribuite nella popolazione. Si chiamano *alleli* le varie versioni in cui ogni dato gene si presenta. In altre parole, per ogni gene esiste una serie allelica. Negli individui di una data popolazione saranno presenti, in differenti proporzioni, le varie forme alleliche di ogni gene. L'estrema varietà dei caratteri multifattoriali e dei tratti somatici a livello di popolazione dipende fortemente, com'è ovvio, dalla distribuzione degli alleli in seno alla stessa.

Alla cosiddetta variabilità genetica contribuiscono non solo le mutazioni ma anche le ricombinazioni: geni che si trovano sullo stesso cromosoma ma sono fisicamente distanti sono talora (con una probabilità tanto maggiore quanto maggiore è la loro distanza) trasmessi indipendentemente perché il cromosoma in questione si rompe e li separa. Con questo sistema la natura rimescola gli alleli di origine materna e quelli di origine paterna.

L'insieme delle caratteristiche di un individuo è chiamato *fenotipo* mentre il *genotipo* rappresenta la sua costituzione genetica. La distinzione tra fenotipo e genotipo si deve al fatto che non tutte le mutazioni si palesano negli individui che possiedono geni mutati. Un individuo è *eterozigote* per un gene se possiede nei suoi cromosomi copie differenti dello stesso gene. Altrimenti è *omozigote* per quel gene. L'effetto di una mutazione recessiva non si osserva negli individui *eterozigoti* per quella mutazione. Va anche aggiunto che nessun carattere dipende solo dal patrimonio genetico perché l'ambiente influenza in maggiore o minore misura i caratteri che manifestiamo. Si parla infatti di *penetranza* per intendere la percentuale di persone che, appartenendo a un dato genotipo, manifestano un certo carattere fenotipico.

Evoluzione e freccia biologica del tempo

Poiché l'informazione biologica si dirige esclusivamente *dal* DNA, mediante l'RNA messaggero, *verso* le proteine e mai viceversa, i caratteri che un organismo acquisisce durante la vita non sono trasmissibili. La trasmissibilità dei caratteri acquisiti corrisponderebbe infatti a un flusso di informazione biologica *dalle* proteine *al* DNA: e questo flusso non è mai stato osservato. Il meccanismo evolutivo, pertanto, non può essere basato sulla trasmissibilità dei caratteri acquisiti. In effetti esso si fonda sulle mutazioni e sugli eventi di ricombinazione di cui abbiamo parlato nel precedente paragrafo. Anche se rarissime, una volta che si sia tenuto nel debito conto l'enormità del numero di generazioni cellulari nelle linee germinali, le mutazioni rappresentano la regola: e il sistema replicativo del DNA, d'altronde, non può che fissarle per poi riprodurle. La pressione selettiva *sceglierà* le mutazioni comportanti una superiore capacità di riproduzione degli organismi mutati in seno all'ambiente in cui esse si sono verificate. "Una mutazione semplice, quale la sostituzione nel DNA di una lettera del codice a un'altra, è reversibile. La teoria lo prevede, l'esperienza lo conferma. Ma qualsiasi evoluzione sensibile, quale il differenziamento di due specie, anche vicinissime, è il risultato di un grande numero di mutazioni indipendenti, accumulate successivamente nella specie originale, poi, sempre a caso, ricombinate grazie al 'flusso genetico' promosso dalla sessualità. A causa del numero di avvenimenti indipendenti di cui costituisce il risultato, un simile fenomeno è statisticamente irreversibile". Lo chiarisce Jacques Monod. La selezione agisce sugli individui e non sui singoli caratteri: gli individui con una maggiore capacità riproduttiva in relazione all'ambiente in cui si trovano sono scelti, dal meccanismo evolutivo, con tutto il complesso dei loro tratti biologici: anche con caratteristiche che non sono, necessariamente, *tutte* adatte all'ambiente. Assai spesso una mutazione ha effetti che riguardano più tratti biologici. Se una di queste variazioni possiede un valore adattativo e le altre sono indifferenti, queste ultime potranno essere trasmesse alla prole pur non conferendo alcun vantaggio alle nuove generazioni. Il fatto curioso è che molte di esse si rivelano spesso utili nel seguito, in conseguenza a variazioni ambientali successive: si parla, in tal caso, di *preadattamento*.

L'adattamento alle varie e differenti condizioni ambientali, anch'esse variabili nel tempo e nello spazio, ha favorito l'innovazione biologica, la diversità degli organismi e, anche, la comparsa di forme di organizzazione progressivamente crescente. Questa irreversibilità identifica una direzione del tempo che all'apparenza sembra contrapporsi a quella individuata dalla legge dell'aumento dell'entropia. L'evoluzione della biosfera è cioè un processo irreversibile con effetti che sembrano scontrarsi con i dettami del secondo principio della termodinamica. Ma in realtà non esiste alcuna contraddizione né contrapposizione tra la legge dell'aumento dell'entropia e la tendenza ascendente dell'evoluzione[23]. Infatti il secondo principio della termodinamica è una legge statistica: non è pertanto escluso da quel principio che talvolta un sistema macroscopico, per brevissimi periodi di tempo, fluttui verso stati di più bassa entropia. La tendenza generale sarà quella dell'aumento del disordine ma, talora, piccole e brevi fluttuazioni verso stati di entropia più bassa, essendo consentite, si realizzeranno. E la biosfera basa la propria tendenza ascendente proprio su queste rarissime fluttuazioni negative dell'entropia: fissandole e poi riproducendole in un gran numero di "esemplari" grazie a quei processi replicativi che, per i sistemi viventi, rappresentano una vera e propria necessità.

Anche l'evoluzione biologica è un sistema complesso adattativo e, in quanto tale, non può operare che in accordo con il secondo principio della termodinamica. Quando il secondo principio della termodinamica afferma che l'entropia di un sistema macroscopico non può diminuire, si riferisce a un sistema *chiuso*. Ma, certo, gli organismi viventi e la biosfera sono sistemi *aperti*. Essi sono attraversati da flussi energetici che possono produrre ordine. Attenzione. L'energia da sola non produce necessariamente ordine: se sferrate un calcio sulla spiaggia non otterrete certamente alcun castello di sabbia. Anzi: immettere energia incontrollata in un sistema quasi certamente produce disordine. Tuttavia un flusso di energia *può* generare ordine in un sistema, attraversandolo. Un organismo vivente per crescere ha la necessità di consumare cibo, una forma assai ordinata di energia. Parte di quell'energia viene dissipata in calore accrescendo l'entropia dell'ambiente in misura tale da sopravanzare abbondantemente l'arricchimento d'ordine prodotto internamente all'organismo con la generazione di nuove cellule.

Se si produce ordine localmente, il disordine complessivo deve accrescersi: e questo è anche il caso dell'evoluzione. Perché una nuova specie evolva sono necessarie numerosissime mutazioni, la gran parte

---

23 Quando si parla di tendenza ascendente dell'evoluzione ci si riferisce, naturalmente, all'apparire di organismi progressivamente più complessi. Ma non va dimenticato che in molti casi l'evoluzione non è affatto ascendente avendo privilegiato, e anche per centinaia di milioni o addirittura per miliardi di anni, la *conservazione* delle caratteristiche di certi organismi relativamente semplici. Si pensi ai batteri. Ma non solo: "L'ostrica di 150 milioni di anni or sono – ci informa Jacques Monod – doveva avere lo stesso aspetto e senza dubbio lo stesso sapore di quelle che vengono oggi servite nei ristoranti".

delle quali saranno eliminate dalla selezione naturale. Così l'aumento di ordine locale, corrispondente a una mutazione che produce un migliore adattamento all'ambiente, avviene scaricando nell'ambiente una enorme quantità di entropia rappresentata dalle numerose mutazioni che, invece, non hanno avuto successo.

Non possiamo esimerci dal mettere in guardia il lettore da una possibile conclusione affrettata: il fatto che la tendenza ascendente dell'evoluzione complessiva della biosfera non contraddica il secondo principio della termodinamica non è affatto equivalente ad affermare che quel principio sia in grado di *spiegare* l'evoluzione biologica o, addirittura, che esso la *implichi*.

4 Sistemi pensanti

Sentieri della mente

Sto percorrendo una strada stretta e sconosciuta. Piove a dirotto, sono in aperta campagna, la luce è scarsa. La curva appare improvvisa e inaspettata. Dopo aver illuminato l'asfalto con due fasci di luce, ripercorro con il pensiero i sentieri della mente. Numerose situazioni analoghe, affrontate con successo nel passato, si confondono per poi identificarsi in una configurazione modello, uno schema archiviato nel cervello e associato a una serie di comandi. La mano destra sfiora la leva del cambio.

Rallento, terza, seconda. Assecondo gli stimoli che mi incoraggiano a modificare la rotta: un gioco complesso di azioni e retroazioni mi consente di avvicinarmi, per successive approssimazioni, all'impostazione corretta della curva.

Ecco. Ho risolto il problema inatteso in poche frazioni di secondo. Per riuscirci ho fatto ricorso a un magazzino mentale: un archivio di regole di comportamento ricavate da innumerevoli flussi informativi che hanno progressivamente modellato il cervello. È quanto chiamiamo esperienza.

Memoria e apprendimento sono strumenti per mezzo dei quali affrontiamo con comportamenti più o meno intelligenti e più o meno consapevoli le diverse situazioni problematiche che si presentano quotidianamente alla nostra attenzione. E la misura del successo nella risoluzione dei problemi è più in relazione con l'esperienza accumulata che con complicate elaborazioni o computazioni. Si tratta di quell'esperienza acquisita grazie alle informazioni che sono giunte, attraverso gli organi di senso, al cervello in analoghe situazioni del passato.

Il cervello

L'informazione biologica, lo abbiamo visto, si nutre della commistione tra legge e caso, tra regolarità e casualità e c'è chi ritiene che anche i processi mentali si svolgano in prossimità di questo delicato e vago confine, si basino su questo fragile equilibrio. Prima di entrare nei dettagli conviene che gettiamo un breve sguardo generale al cervello. Il cervello dell'uomo, sostanzialmente, è lo stesso, alla nascita, di quello dei nostri antenati di diecimila anni fa. Poiché i più importanti progressi umani si sono compiuti proprio in questo lasso di tempo, veramente esiguo in termini evolutivi, possiamo senza dubbio concludere che il ruolo decisivo nelle abilità cognitive superiori deve essere attribuito non tanto alle dimensioni medie del cervello[24] quanto alla sua *plasticità.*

Nell'embrione umano la crescita del cervello avviene all'incirca seguendo il percorso dei processi evolutivi. Al cervello primitivo, quel tronco cerebrale che controlla le funzioni vegetative fondamentali e che risale all'era dei rettili, milioni di anni di evoluzione hanno sovrapposto prima i centri emotivi, che nacquero e si svilupparono in tempi antichissimi a partire dal lobo olfattivo, e poi le estese regioni esterne che costituiscono, nell'uomo, le aree dell'encefalo "pensante". La metà destra del cervello, si sa, controlla il lato sinistro del corpo mentre la sinistra (Fig 4.1) governa il lato destro. I due emisferi sono collegati dal cosiddetto *corpo calloso*, un fascio costituito da cento milioni di fibre nervose. Nella maggior parte degli individui le funzioni connesse con il linguaggio sono prevalentemente governate dall'e-

24 Le dimensioni medie hanno naturalmente la loro importanza: dall'australopiteco all'uomo odierno il volume medio del cervello è passato da 400 cm^3 a circa 1200-1400 cm^3. Gli scimpanzé di oggi hanno un cervello le cui dimensioni sono sostanzialmente le medesime di quelle dell'antenato che, cinque o sei milioni di anni fa, condividevamo con loro.

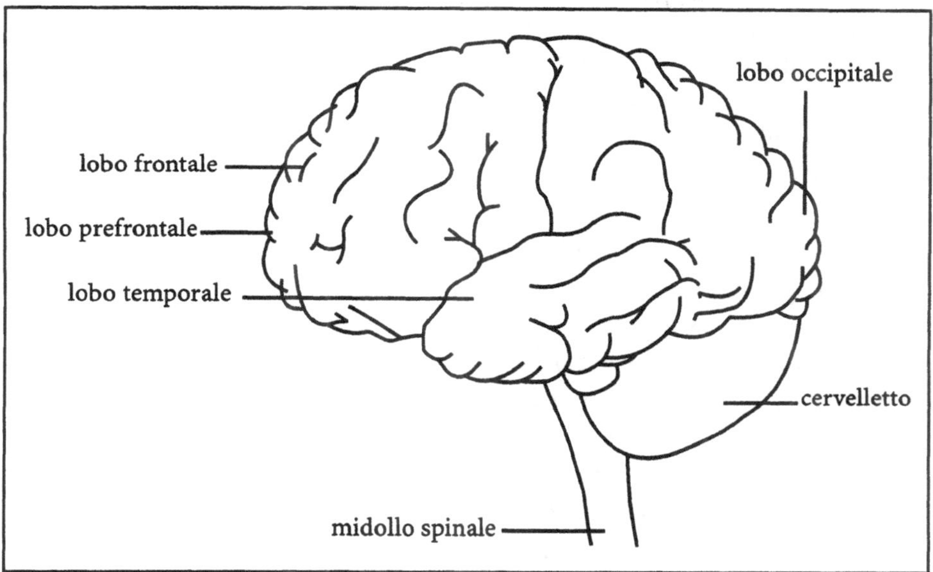

Fig. 4.1. Rappresentazione schematica dell'emisfero sinistro del cervello umano. Sono evidenziati i lobi *prefrontale* e *frontale*, il lobo *temporale* e quello *occipitale*. Alla base si trovano il *cervelletto* ed il *midollo spinale*. Il *sistema limbico*, non evidenziato, si trova all'interno ed è coinvolto nei processi di memoria a lungo termine e in quelli relativi al comportamento emotivo. Nel lobo occipitale ha sede l'area visiva. Maggiori dettagli si trovano nel testo.

misfero sinistro[25]: già Paul Broca nel 1861, curando i reduci di guerra con lesioni cerebrali, individuò una piccola regione della corteccia sinistra come responsabile delle abilità verbali. Un'altra area dell'emisfero sinistro collegata con il linguaggio, anch'essa nota fin dalla

[25] Sembra che abilità verbali molto limitate siano, in realtà, anche patrimonio dell'emisfero destro. Ci sono persone che possono essere curate da forme molto gravi di epilessia mediante un intervento che recide il corpo calloso, l'insieme di assoni che collegano gli emisferi. Queste persone, dopo l'intervento, mostrano di aver conservato tutte le normali abilità cognitive. Ma se un testo scritto viene loro mostrato nel campo visivo sinistro (correlato con l'emisfero destro) non sono in grado di pronunciare le parole che vedono. Se invece le stesse parole sono mostrate loro nel campo visivo destro (corrispondente all'emisfero sinistro) sono allora in grado di pronunciarle. Tuttavia qualora tocchino con la mano sinistra un oggetto senza vederlo, sono in grado di indicare con la sinistra la parola corrispondente, pur non riuscendo a pronunciarla, in un elenco di parole scritte.

seconda metà dell'Ottocento, è l'area di Wernicke. Lesioni all'area di Broca producono grosse difficoltà nelle pronuncia di semplici frasi; persone che hanno subito danni all'area di Wernicke non riescono invece a cogliere e capire il significato delle frasi. Questa prevalenza dell'emisfero sinistro nel controllo delle abilità verbali incoraggiò molti scienziati del passato a concludere che esso rappresentasse la parte dominante del cervello. In realtà dal punto di vista cognitivo entrambi gli emisferi svolgono funzioni assai rilevanti, possedendo specializzazioni complementari. L'emisfero destro, pur privo del linguaggio verbale, elabora le informazioni in maniera sintetica mediante percezioni globali. Le qualità artistiche sono, ad esempio, una sua prerogativa. Si può asserire, con una specie di slogan, che l'emisfero sinistro è analitico mentre l'emisfero destro è sintetico. Esemplifica il concetto Richar Restack chiarendo che "la raccolta delle informazioni verbali su come andare da un luogo all'altro è compito dell'emisfero sinistro, mentre un'occhiata alla mappa e la scelta a grandi linee del percorso spetta all'emisfero destro".

Appena sopra il midollo spinale si trovano il *bulbo* e il *cervelletto.* Sono assai simili a quelli di altri vertebrati perché sono tra le parti più antiche, dal punto di vista evolutivo. Controllano funzioni automatiche come la respirazione, la frequenza cardiaca, la pressione sanguigna e la digestione. Il cervelletto è responsabile della coordinazione dei movimenti: confronta quelli pianificati con quelli effettivamente realizzati.

Il *sistema limbico* si trova all'interno del cervello ed è costituito da un insieme di strutture localizzate nel solco che separa i due emisferi. Si tratta di una sorta di cervello primordiale, sostanzialmente quello dei primi mammiferi, assai antico dal punto di vista evolutivo e in relazione con le emozioni e gli istinti. Ma anche con la memoria. Ne fanno parte, tra l'altro, l'*amigdala*, una struttura a forma di mandorla sede della cosiddetta *memoria emotiva* e l'*ippocampo*: lesioni specifiche di quest'ultima struttura affievoliscono la capacità di trasferire i ricordi dalla *memoria a breve termine* (detta anche *operativa*) a quella a *lungo termine*. L'ippocampo è inoltre implicato nel ricordo del contesto riconoscendo le differenze di significato *emotivo* tra i medesimi eventi che si svolgono in contesti diversi. Quanto all'amigdala, la sua assenza produce uno stato di vera e propria "cecità affettiva" accompagnato da una perdita di interesse per il prossimo e della capacità di riconoscerne e capirne i sentimenti. Gli animali che ne sono stati privati mostrano una completa mancanza di passioni quali la paura o la rabbia.

Il sistema limbico è a contatto con l'*ipotalamo*, un centro preposto alla regolazione della vita ormonale. Troviamo poi il *talamo*, una struttura che si fa carico della distribuzione dei segnali provenienti dai sensi [26] inviandoli alla *corteccia*, la parte più esterna del cervello, attivandone e risvegliandone le aree specializzate.

La corteccia ha uno spessore che va dai due ai cinque millimetri ed è assai ricca di circonvoluzioni che testimoniano del suo grande sviluppo. La sua superficie totale misura circa 0,2 metri quadrati. La corteccia è divisa nei *lobi occipitali, parietali, temporali* e *frontali*, i quali si distinguono per i profondi solchi che li separano. Si tratta di una suddivisione basata su riferimenti anatomici che hanno anche un senso funzionale. I lobi occipitali costituiscono le parti posteriori della corteccia. Si occupano dell'elaborazione e del controllo dei segnali provenienti dalla retina. Quelli parietali, nella parte alta posteriore, hanno a che fare con l'elaborazione delle informazioni relative ai sensi (tranne l'olfatto). I lobi temporali si trovano in prossimità delle orecchie e sono preposti, tra l'altro, alla percezione del suono, al linguaggio e alla memoria. I lobi frontali, nella parte anteriore della corteccia, quella più sviluppata nell'uomo, svolgono numerose funzioni superiori relative alla programmazione e alla pianificazione delle azioni, al controllo dei processi logici, a quello dei movimenti volontari e al comportamento sociale a lungo termine. Sono preposti alla proiezione nel futuro delle azioni attuali, all'organizzazione del comportamento e alla sua continua verifica, alla curiosità, all'attivazione anche in assenza di specifici segnali o stimoli esterni e alla riflessione sul decorso temporale degli eventi. È noto fin dalla seconda metà dell'Ottocento che lesioni ai lobi frontali inducono un'apatia nel comportamento che si traduce nella generale incapacità di intraprendere azioni la cui potenziale gratificazione sia molto posticipata nel tempo.

---

26 A parte i segnali olfattivi. A differenza dei segnali ottici, acustici e tattili che, attraverso il talamo, vengono smistati alle altre parti del cervello, gli odori si dirigono dal bulbo olfattivo direttamente alle aree del cervello interessate, senza dover passare per il talamo. Così, precisa Daniel Dennett, è plausibile che "questa via più diretta aiuti a spiegare il potere perentorio, quasi ipnotico, che gli odori hanno su di noi".

Di particolare importanza è l'area della corteccia chiamata *somatosensoriale*, una regione lunga e stretta connessa con tutte le sensazioni corporee: queste convergono in sottoregioni della stessa disposte in modo da rappresentare tutte le parti del corpo. Una volta giunta alla corteccia somatosensoriale, una data sensazione può produrre l'attivazione di altre aree. Dopo un'elaborazione che può avvenire in varie regioni, la decisione sull'azione da intraprendere verrà inviata ai muscoli interessati da parte della cosiddetta *corteccia motoria*, una regione anch'essa suddivisa, come quella somatosensoriale, in sottoregioni corrispondenti alle varie parti del corpo. Le regioni della corteccia che non appartengono né all'area visiva, né a quella acustica, né all'area somatosensoriale, né a quella motoria sono tipicamente indicate con l'espressione *corteccia associativa*: l'area associativa, poco sviluppata nei mammiferi inferiori, diventa via via sempre più estesa nei mammiferi più evoluti giungendo a costituire, nel cervello umano, la gran parte della corteccia. L'area associativa è responsabile dei collegamenti tra le varie cortecce sensoriali e quella motoria.

Alcune regioni della corteccia che svolgono funzioni specifiche, quali l'area di Broca e quella di Wernicke, sono state individuate già nella seconda metà dell'Ottocento. Se un tempo l'identificazione delle funzioni delle varie regioni si otteneva mediante lo studio di soggetti che avevano subito lesioni accidentali, oggi esiste una tecnica, la PET (tomografia a emissione di positroni), che consente di stabilire quali siano le regioni della corteccia che si attivano quando effettuiamo certe operazioni[27]. Grazie a questa tecnica si è oggi in grado di iniziare una sorta di sistematica definizione delle funzioni delle varie regioni della corteccia associativa: va precisato infatti che non si conoscono tutte le funzioni delle varie regioni e che, inoltre, non è affatto detto che ogni data regione svolga solo una funzione specifica.

27 La tecnica PET è basata sull'immissione nelle vene del soggetto di un po' d'acqua contenente un isotopo dell'ossigeno che, decadendo rapidamente, emette positroni. Siccome l'esecuzione di operazioni mentali induce una maggiore quantità di sangue nelle regioni del cervello coinvolte, i raggi gamma prodotti dall'annichilazione dei positroni, una volta rivelati, evidenziano le regioni del cervello attive durante la realizzazione di determinati compiti. Si possono così identificare le aree associative coinvolte nelle varie attività: nelle abilità verbali, ad esempio, quali la lettura, la pronuncia di frasi, il loro ascolto, la visione passiva di parole scritte ecc. Si è appreso così, ad esempio, che le aree della corteccia preferenzialmente coinvolte nella pronuncia dei nomi sono differenti da quelle preferenzialmente implicate nella pronuncia dei verbi.

Comunque sia, oggi, grazie alla PET e alle altre tecniche non invasive di registrazione dell'attività cerebrale quali la fMRI (functional Magnetic Resonance Imaging), si vanno progressivamente espandendo le conoscenze sulle funzioni specifiche di un numero sempre maggiore di aree associative.

Flussi di segnali elettrochimici sono responsabili di questo straordinario insieme di processi di stimolo e risposta; ma anche delle attività connesse con l'apprendimento, la memoria, l'intelligenza. Sono segnali che custodiscono il nostro patrimonio di sentimenti, regolano gli istinti, controllano le emozioni, governano la consapevolezza e la coscienza. Realizzano il complesso di fenomeni che identifichiamo con la parola "mente": processi e attività che si svolgono grazie al contributo decisivo delle unità cerebrali di elaborazione dell'informazione, i *neuroni*.

I neuroni

Le cellule di un embrione sono, inizialmente, tutte identiche. Ma alla fine dello sviluppo l'organismo adulto è caratterizzato da numerosi tipi differenti di cellule che vanno a costituire i vari tessuti. Il differenziamento cellulare si spiega osservando che ogni cellula di un dato organismo contiene tutti i geni di quell'organismo ma, nel corso dello sviluppo, le varie cellule utilizzano solo determinati tipi di geni: mediante cioè l'espressione differenziale dei geni, vale a dire l'attivazione di differenti gruppi di essi, le cellule si specializzano per andare a costituire i diversi tessuti di un organismo.

Tra tutti i tipi di cellule daremo di seguito una schematica e sommaria descrizione dei *neuroni* poiché essi sono alla base del funzionamento del cervello. Il nostro cervello è costituito da mille miliardi di cellule, di cui cento miliardi sono neuroni: ma non è questo il punto. "Il fegato o il sangue – precisa, a questo proposito, Edoardo Boncinelli – contengono a loro volta un numero altissimo di cellule, ma l'effetto di queste sulla loro complessità è cumulativo, non moltiplicativo. I neuroni del cervello hanno invece un effetto moltiplicativo sulla sua, e quindi sulla nostra, complessità a causa delle mille loro interconnessioni e della loro disposizione a rete".

Ci sono tre grandi classi di neuroni: i neuroni *ricettori* (o *sensitivi*), quelli *effettori* (o *motori*) e i neuroni *coordinatori*. Utilizzando un linguaggio da calcolatori possiamo asserire che i neuroni ricettori sono le unità di input, mentre i neuroni effettori rappresentano quelle di output. I neuroni coordinatori svolgono invece le complesse attività di elaborazione delle informazioni.

Un neurone tipico è costituito da un corpo cellulare da cui si diramano da una parte un *assone* e dall'altra numerosi e assai ramificati *dendriti*. L'assone svolge la funzione di trasmettere ad altri neuroni gli impulsi nervosi mentre i dendriti sono i terminali di ingresso di ogni neurone. Le regioni di collegamento tra un assone di un dato neurone e i dendriti di altri neuroni si chiamano *sinapsi* (Fig. 4.2a, b).

Il corpo centrale di ogni neurone è circondato da una membrana la cui permeabilità al passaggio di ioni dipende dal suo potenziale elettrico. Quando un neurone è a riposo, vale a dire non è eccitato da nessun segnale proveniente da altri neuroni, esso è caratterizzato da una differenza tra la concentrazione di ioni potassio K^+ all'interno rispetto all'esterno della cellula. L'alta concentrazione di ioni potassio all'interno della cellula rispetto all'esterno fa sì che questi ioni tendano a diffondere verso l'esterno per colmare la differenza di concentrazione. Ma la differenza di potenziale elettrico tra interno ed esterno del neurone a riposo è negativa ed è tale da controbilanciare esattamente la tendenza diffusiva degli ioni potassio (positivi) verso l'esterno. In condizioni di equilibrio cioè non c'è alcun flusso netto di ioni potassio attraverso la membrana cellulare grazie alla differenza di potenziale elettrico tra interno ed esterno della cellula: tipicamente il potenziale interno è negativo rispetto all'esterno e la differenza è pari a –65 millivolt.

Nella situazione di riposo esiste anche una concentrazione di ioni sodio Na^+ all'esterno della cellula che supera di circa dieci volte quella interna. In questo caso, sia la differenza di concentrazione che la differenza (negativa) di potenziale elettrico tra interno ed esterno incoraggerebbero gli ioni sodio a entrare nel citoplasma, l'interno cioè della cellula. Ma qui svolge un ruolo cruciale la permeabilità selettiva della membrana: la quale, per questo valore della differenza di potenziale elettrico, è assai poco permeabile agli ioni sodio.

Finché il neurone è a riposo, dunque, esso è caratterizzato da un'alta concentrazione interna di ioni potassio. Esso è circondato da una elevata quantità di ioni sodio che non riescono a penetrare nell'interno della cellula perché la differenza di potenziale elettrico è tale da rendere la membrana cellulare praticamente impermeabile al passag-

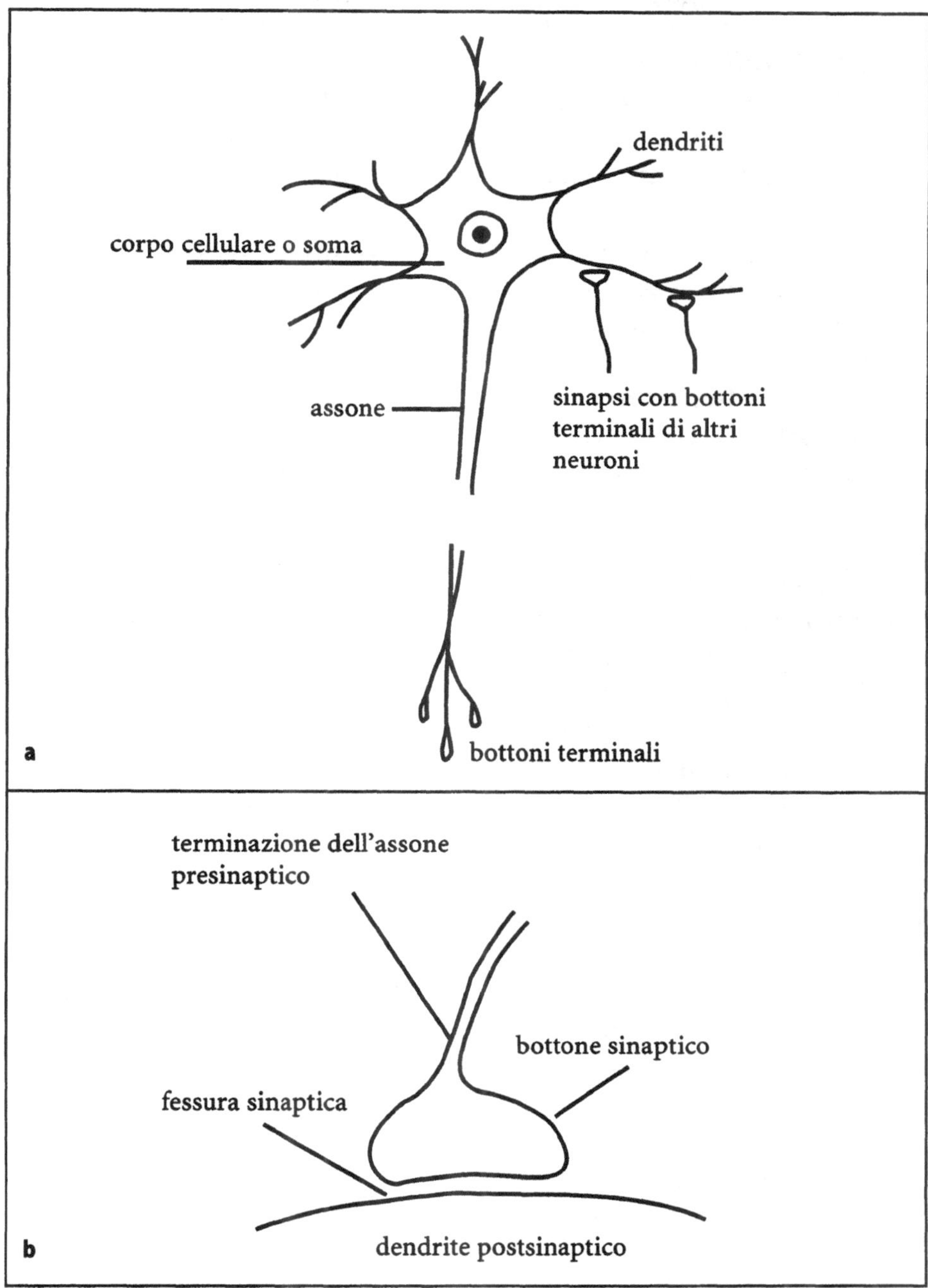

Fig. 4.2. Rappresentazione schematica della struttura della cellula neurale o neurone (**a**). Sono mostrati il *corpo cellulare*, i *dendriti*, l'*assone* e i suoi *bottoni terminali*. La figura evidenzia anche due *sinapsi* con bottoni terminali di altri neuroni. Una rappresentazione schematica di una sinapsi è mostrata in (**b**) dove si può notare la *fessura sinaptica* attraverso cui avviene il passaggio dei *neurotrasmettitori*.

gio degli ioni sodio. Il mantenimento di questo valore del potenziale dovuto alle differenze di concentrazioni ioniche richiede una grande quantità di energia ed è garantito dalle *pompe molecolari sodio-potassio* che si trovano sulla membrana dell'assone. Le pompe molecolari sodio-potassio, presenti nella membrana plasmatica di tutte le cellule, sono responsabili dei trasporti attivi. In altri termini esse trasportano gli ioni contro un gradiente di concentrazione, effettuando un lavoro che richiede consumo di energia metabolica. È stato calcolato che sono in grado, per un piccolo neurone, di trasferire attraverso la membrana fino a 300 milioni di ioni al secondo.

Durante l'attività cerebrale accade talora che il potenziale interno cresca portando la differenza di potenziale rispetto all'esterno oltre un valore di soglia corrispondente a –40 millivolt. In tal caso la permeabilità della membrana cellulare al passaggio di ioni sodio si modifica: essa non è più impermeabile e può quindi essere attraversata. Si innesca, per tale ragione, un processo a cascata: man mano che gli ioni sodio penetrano nel citoplasma aumentano ulteriormente il potenziale interno rispetto all'esterno. Di conseguenza la permeabilità della membrana al passaggio di ioni sodio aumenta continuando ad alimentare il processo durante un intervallo temporale di circa un millisecondo. In questo breve periodo di tempo il potenziale interno diviene positivo rispetto a quello esterno raggiungendo rapidamente il valore critico di +55 millivolt. Questo valore determina uno stato di equilibrio tra la tendenza diffusiva verso l'interno dovuta alla differenza di concentrazione di ioni sodio e la spinta verso l'esterno degli stessi ioni prodotta dall'inversione di segno del campo elettrico. Perciò il flusso netto di ioni sodio attraverso la membrana si annulla.

Gli ioni potassio sono ora nella condizione favorevole a fuoriuscire dalla cellula perché la differenza di potenziale elettrico concorre ad alimentare il naturale processo diffusivo teso a colmare la differenza di concentrazione tra interno ed esterno della cellula. Pertanto gli ioni potassio fluiscono verso l'esterno della cellula abbassando in tal modo la differenza di potenziale tra interno ed esterno. Il processo prosegue finché la differenza di potenziale tra interno ed esterno non ritorna al valore di –65 millivolt corrispondente all'azzeramento del flusso di ioni potassio e a un nuovo stato di riposo.

Quanto accade, in definitiva, è che la differenza di potenziale tra interno ed esterno del neurone passa dal valore di riposo negativo a un valore positivo per poi ritornare al suo valore iniziale. Tutto questo si verifica nel breve periodo di tempo di qualche millisecondo e la variazione temporale del potenziale di membrana fin qui descritta è chiamata anche potenziale d'azione o impulso nervoso.

Dobbiamo chiederci ora che cosa sia che scatena il processo e la risposta è assai semplice: gli altri neuroni. In pratica ogni neurone continuamente riceve e invia impulsi nervosi da e a numerosi altri neuroni. Il fenomeno dello scambio di ioni che produce il rovesciamento del potenziale di membrana di un dato neurone è inizialmente localizzato alla base dell'assone. Quindi inizia a propagarsi attraverso di esso giungendo alla connessione sinaptica con i dendriti di altri neuroni. In rari casi l'impulso elettrico passa inalterato attraverso lo spazio sinaptico. Si parla allora di *sinapsi elettriche*. Più frequentemente si incontrano tuttavia *sinapsi chimiche*. Qui l'impulso di tensione stimola il rilascio di *neurotrasmettitori*. I neurotrasmettitori (detti anche *neuromediatori*) sono molecole che, liberate dall'impulso, dopo aver attraversato la fessura sinaptica si legano ai recettori della membrana postsinaptica causando l'apertura di canali ionici e provocando talora un potenziale d'azione nel neurone postsinaptico. Poiché negli organismi superiori sono presenti differenti tipi di neuroni con funzioni diverse, è chiaro che la composizione chimica dei neurotrasmettitori dipende dalla natura della sinapsi del neurone. Nei bottoni terminali dei neuroni motori, ad esempio, si trova il neurotrasmettiore più noto, l'*acetilcolina*. La liberazione di acetilcolina provoca la contrazione della cellula muscolare striata. Un neurotrasmettitore ampiamente utilizzato dai neuroni del *sistema nervoso autonomo* (o *sistema neurovegetativo*) è la *noradrenalina*.

I neurotrasmettitori diffondono attraverso la separazione tra la terminazione dell'assone e il dendrite legandosi ai recettori dello stesso. È il cambiamento di forma dei recettori che genera, attraverso variazioni della resistenza ai vari flussi di ioni, un potenziale post-sinaptico il quale può essere positivo (eccitatorio) o negativo (inibitorio). Allorché l'entità integrata degli stimoli che arrivano da tutti i dendriti di un dato neurone è tale da portare la differenza di potenziale tra il suo interno e l'esterno oltre un valore di soglia, si innesca il processo e il neurone produrrà un potenziale d'azione che si propagherà lungo il suo assone verso le connessioni sinaptiche con i dendriti di altri neuroni. Tra l'altro, va detto, il potenziale di soglia non è sempre costante e dipende sia dalla composizione chimica del fluido che circonda il neurone che dalla distribuzione delle correnti elettriche.

Se, dunque, l'entità integrata degli stimoli provenienti da tutti i suoi dendriti supera, in un dato istante, il valore di soglia, allora si innesca il processo di scambio di ioni che produce il rovesciamento del potenziale di membrana. L'impulso nervoso si propaga sulla membrana dell'assone senza mai diminuire la sua intensità perché, lungo il suo cammino, viene continuamente rigenerato grazie a processi metabolici che avvengono ininterrottamente lungo l'assone.

Se l'intensità degli impulsi nervosi è mantenuta costante, ciò che può variare è la frequenza di essi attraverso l'assone: per valori inferiori a quello della frequenza massima, i treni di impulsi nervosi viaggianti attraverso i vari assoni hanno frequenze assai diverse tra loro[28]. L'informazione nervosa può essere codificata nella frequenza dei treni di impulsi. Allorché, ad esempio, uno stimolo sensoriale è molto intenso, la corrispondente frequenza di impulsi nervosi attraverso l'assone sarà elevata; mentre essa sarà invece piuttosto bassa per stimoli di piccola intensità.

Quanto alle velocità di propagazione dei treni di impulsi attraverso gli assoni, esse possono essere molto variabili, da qualche decimetro fino a cento metri al secondo. Perché le velocità debbano talvolta essere elevate è piuttosto ovvio: in molti casi la risposta agli stimoli deve essere assai rapida. Le velocità più elevate sono rese possibili dalla presenza della guaina mielinica che riveste gli assoni e li isola dall'ambiente esterno.

Le velocità sono differenti perché quanto più grosso è l'assone tanto maggiore è la sua velocità di conduzione. Secondo Valentino Braitenberg, la ragione per cui le velocità di conduzione sono differenti potrebbe essere quella di eliminare gli effetti delle distanze tra i vari neuroni: gli assoni più grossi, corrispondenti cioè a maggiori velocità di conduzione, sono generalmente anche i più lunghi. Perciò il tempo necessario a un impulso nervoso per arrivare alle ultime terminazioni di ogni dato assone è quasi costante. Come precisato dallo stesso Braitenberg, questa legge non è rigorosa: e tuttavia essa spiega l'osservazione sperimentale secondo la quale l'intervallo di tempo

28 La frequenza massima è rappresentata dall'inverso del tempo minimo tra due impulsi: l'esistenza di questo tempo minimo è una conseguenza del fatto che, dopo un dato impulso, la membrana dell'assone ha bisogno di qualche millisecondo per poter tollerare un nuovo impulso.

osservato per la conduzione dell'impulso nervoso tra coppie di neuroni vale poco più di un millesimo di secondo, indipendentemente dalla distanza tra i neuroni della coppia.

Piccoli circuiti di neuroni

Alcuni circuiti neurali sono costituiti da un piccolo numero di neuroni. Il caso più semplice è quello rappresentato da un circuito consistente di due soli neuroni: si tratta dell'*arco riflesso monosinaptico*. Si consideri un collegamento diretto tra un neurone sensitivo e un neurone effettore per cui uno stimolo esterno provoca la contrazione di un dato muscolo; il collegamento tra i due neuroni, quello ricettore e quello motore, è diretto, dipende da una sola sinapsi e il processo motorio corrispondente allo stimolo non è volontario. Si parla, in tal caso, di processi automatici. Il controllo della stazione eretta è regolato in parte da un certo numero di questi archi riflessi. Il segnale nervoso che parte da un neurone ricettore all'interno di un muscolo passa direttamente a un neurone effettore spinale che invia il comando di contrazione al muscolo stesso.

Circuiti appena più complessi sono costituiti da tre neuroni: un circuito di tre neuroni può regolare movimenti ritmici semiautomatici. Consideriamone uno in cui due dei neuroni si eccitano a vicenda generando treni di impulsi che si alimentano reciprocamente producendo scariche di frequenza via via crescente. Il ritmo potrebbe diventare insostenibile senza la presenza del terzo neurone: questo è accoppiato ai due neuroni, quelli cioè costituenti il circuito autoeccitantesi, in modo tale da inviare a entrambi un impulso inibitorio allorché la frequenza supera un dato valore. In tal modo l'attività dei due neuroni autoeccitantesi si interrompe per un breve periodo. Il processo riprende quindi nuovamente producendo così un oscillatore caratterizzato da un'attivazione intermittente e periodica di scariche neurali. Esistono molte varianti di questo tipo di oscillatori (comprendenti anche numeri molto più grandi di neuroni) il cui scopo è quello di regolare e controllare movimenti ritmici semiautomatici. Questi ultimi sono alla base di processi come la masticazione, la respirazione e la locomozione.

Esistono molti altri circuiti assai più elaborati di quelli appena descritti. I meccanismi per cui questi processi e questi stati di eccitazione si stabilizzano consentendo il progresso e l'apprendimento sono stati investigati a lungo. Le cosiddette *facilitazioni sinaptiche* costituiscono uno di questi meccanismi di stabilizzazione: ci sono sinapsi che producono potenziali post-sinaptici crescenti con il trascorrere del tempo se arrivano loro molti segnali in sequenza e dello stesso tipo. Altre producono, a fronte della medesima concatenazione di eventi, potenziali post-sinaptici decrescenti: in tal caso si parla di *depressioni sinaptiche*. Come abbiamo appreso, i potenziali post-sinaptici in ingresso ad ogni dato neurone vengono sommati. I termini della somma sono pesati dal contributo delle sinapsi che condizionano il processo influendo sul tipo di segnale post-sinaptico. Questa somma può essere temporale, nel senso che l'integrazione (entro una certa finestra temporale) è effettuata sulla sequenza di impulsi in arrivo in uno stesso punto, o spaziale, nel qual caso l'integrazione si riferisce a impulsi in arrivo su regioni differenti dello stesso neurone. Il potenziale d'azione del neurone in questione partirà solo se il risultato dell'integrazione supererà, come già abbiamo chiarito, un valore di soglia.

La stabilizzazione determinata dai meccanismi costituiti dalle facilitazioni e dalle depressioni sinaptiche è tipicamente poco duratura: ma naturalmente esistono meccanismi di memorizzazione più stabile. Questi producono sinapsi che ricordano per periodi lunghi. Uno dei più studiati è rappresentato dal *potenziamento a lungo termine* caratteristico dei neuroni dell'ippocampo. Non ci inoltreremo ulteriormente nella descrizione di questi meccanismi: esamineremo invece e ci soffermeremo brevemente su una teoria formulata alla fine degli anni Quaranta dalle geniali intuizioni dello psicologo Donald O. Hebb.

Assembramenti neurali

Mentre certe regioni del cervello perdono la capacità di modificarsi al fine di rispondere in modo costante agli stessi stimoli, i sistemi cerebrali responsabili dell'apprendimento sono modificabili durante l'intero corso della vita di un individuo. Nella corteccia, che dal punto di vista evolutivo rappresenta la parte più recente del cervello umano, è modificabile un enorme numero di connessioni tra i neuroni: connessioni che, in effetti, subiscono continuamente sottili variazioni in relazione con i processi cognitivi e di apprendimento. Fu Donald O. Hebb ad attribuire l'apprendimento a un meccanismo cellulare che, di fronte a esempi ripetuti, rafforzerebbe le connessioni tra due neuroni entrambi attivi. Il peso di una sinapsi verrebbe cioè accresciuto perché i due neuroni pre- e post-sinaptico sono stati simultaneamente attivi in numerose circostanze del passato: "Per molte sinapsi – chiarisce Valentino Braitenberg – e in particolare per quelle di tipo eccitatorio, è accertata la *plasticità* del loro funzionamento. Si intende con questo termine la proprietà di cambiare caratteristiche con l'uso, come la gomma del palloncino, la quale, oltre ad essere elastica, è anche plastica e conserva in qualche modo la memoria delle deformazioni che le sono state inflitte. Nel caso delle sinapsi, la 'plasticità' che più frequentemente si ipotizza consiste in una maggiore permeabilità, o maggiore influenza sul neurone post-sinaptico in ragione del numero di volte che il neurone pre-sinaptico e quello post-sinaptico sono stati attivi contemporaneamente".

Hebb, basandosi esclusivamente su considerazioni intuitive, suggerì l'esistenza di strutture o assembramenti neurali che si svilupperebbero e rafforzerebbero le loro connessioni interne in virtù della ripetizione frequente di stimolazioni successive. Ognuno di questi assembramenti può agire come un sistema a sè stante in grado di interagire con altri sistemi analoghi: l'attivazione di un assembramento avviene, in analogia con quella dei singoli neuroni, sia perché suscitata da un altro assembramento collegato a esso, sia perché innescata da stimoli sensoriali; o anche, e forse tipicamente, perché scatenata da entrambi i processi. Con queste idee Hebb gettò le basi dei suoi esperimenti atti a investigare l'influenza delle esperienze precoci sull'intelligenza degli adulti. Ma si può anche asserire che la teoria degli assembramenti anticipò i moderni approcci all'intelligenza artificiale costituiti dalle cosiddette reti neurali artificiali.

Esattamente come i neuroni si possono organizzare in assembramenti, gli assembramenti neurali possono, a loro volta, organizzarsi in assembramenti di assembramenti o macroassembramenti. Se, in un dato istante, il numero di assembramenti attivati supera una data soglia di attivazione del macroassembramento, allora si accendono rapidamente tutti gli assembramenti che costituiscono il macroassembramento. L'ordinamento gerarchico di attivazioni di assembramenti, macroassembramenti e così via si realizza tramite processi a soglia analoghi a quello descritto per ogni singolo neurone. Gli assembramenti si costituiscono e si consolidano via via mediante la ripetizione degli stimoli. Questi processi sarebbero perciò alla base della memoria e rappresenterebbero i meccanismi cerebrali dell'apprendimento e della categorizzazione della realtà.

La teoria degli assembramenti neurali gode oggi di un grande consenso anche se non generale. Si possono invocare altri meccanismi come quello proposto e sperimentalmente dimostrato da Moshe Abeles sulle lunghe catene di gruppi di neuroni [29]. Gli assembramenti neurali e le lunghe catene di Abeles sono differenti meccanismi che spiegano in maniera plausibile diversi tipi di percezione e probabilmente coesistono nel cervello innescandosi, talora, vicendevolmente.

Il numero di potenziali assembramenti neurali è virtualmente illimitato: in realtà è finito, ma enorme e certamente assai più grande del numero di neuroni presenti nel cervello. Questo perché assembramenti differenti possono condividere parzialmente gli stessi neuroni, pur mantenendo le loro capacità individuali di attivazione. Se gli assembramenti corrispondono a idee, allora abbiamo a disposizione un numero pressoché infinito di idee. E l'accensione di un assembramento possiede effettivamente le stesse caratteristiche dell'apparire di un'idea.

Una memoria *associativa* è tale perché ci permette di collegare entità differenti che, presentandosi alla nostra esperienza frequentemente associate, hanno rinforzato i collegamenti tra gli assembramenti che le caratterizzano.

La gerarchia degli assembramenti spiega l'attivarsi di differenti livelli quando richiamiamo un ricordo. Un assembramento può stimolare l'accensione di altri in un processo a valanga che faccia superare la soglia di attivazione di uno dei macroassembramenti a cui appartiene.

Un'altra caratteristica della dinamica degli assembramenti che ben si adatta all'esperienza della percezione delle configurazioni che il

---

29 Secondo questo modello uno stimolo raggiunge la corteccia cerebrale inducendo un'attività sincrona in un gruppo di neuroni. Questi neuroni attiveranno a loro volta un secondo gruppo di neuroni che conserveranno la sincronia del primo gruppo e così via in un processo in cui a rendere più forti i collegamenti e più efficaci le sinapsi sarebbe la *successione* anziché la *coincidenza* di attività. Con questa teoria si spiegano agevolmente le nostre capacità predittive, ad esempio, sulla traiettoria di un oggetto lanciato verso qualcuno o sul procedere di una melodia nota.

mondo esterno presenta di volta in volta alla nostra attenzione, osserva Braitenberg, è il fenomeno della cosiddetta indirizzabilità per contenuto. Una memoria si dice *indirizzabile per contenuto* o *autoassociativa* quando è sufficiente una presentazione parziale del messaggio per ricostruire l'intera informazione contenuta nel medesimo. Una parte qualunque del contenuto informativo è cioè sufficiente per associarvi la totalità del messaggio. Ci basta, talora, intravedere un profilo o sentire una voce per ricostruire nella mente il ricordo della persona a cui appartengono. Quel profilo, quella voce, attivano una configurazione parziale di neuroni sufficiente per accendere l'intero assembramento neurale rappresentante le nostre idee e i nostri ricordi di quella persona. Anche il fenomeno assai noto in psicologia del "completamento dell'immagine" si spiega molto bene nell'ambito della teoria degli assembramenti neurali: la percezione delle configurazioni esterne rappresenta infatti una mescolanza di dati sensoriali in ingresso e di informazioni memorizzate e già presenti nel cervello.

C'è da aspettarsi che i neuroni appartenenti a un assembramento neurale siano localizzati in regioni estese e che siano di diversi tipi: in tal modo si rende conto anche delle risposte comportamentali in corrispondenza di determinate idee. Un concetto attiva assembramenti che coinvolgono non solo pensieri ma anche azioni a esso associate. Quello di leone probabilmente innescherà, in una gazzella, l'idea di fuga e, in conseguenza, attiverà gli assembramenti predisposti per la medesima.

Va anche detto che, siccome la nostra mente non è una semplice raccolta di idee fisse, devono esistere dei meccanismi che consentano agli assembramenti di spegnere la loro attività, con qualche processo di retroazione negativa, favorendo il trasferimento di attività su altri assembramenti corrispondenti ad altre idee. Un meccanismo di retroazione potrebbe, ad esempio, innalzare i valori delle soglie quando il numero di neuroni attivi nella corteccia supera una certa quantità. Si ritornerebbe poi ai valori consueti di soglia una volta che il numero di cellule attive si è abbassato in conseguenza della retroazione. Il numero di neuroni attivi oscillerebbe in tal modo tra fasi di grande attività neurale e fasi di bassa attività. In ogni fase di grande attività si accenderebbero assembramenti differenti. Questo meccanismo innescherebbe pertanto un processo di oscillazioni periodiche di attività neurale che, *mutatis mutandis*, ricorda vagamente la semplice accensione intermittente dei due neuroni autoeccitantesi controllati dal neurone inibitorio. Esso non solo permetterebbe, ma favorirebbe e incoraggerebbe quelle libere associazioni, concatenate tra loro in sequenze di idee, note come pensieri.

Memoria

"Questa serie di esperimenti ha fornito molte informazioni su ciò che la traccia di memoria non è e su dove non si trova." Lo dichiarava nel 1950 K. S. Lashley, nel suo classico lavoro: "Alla ricerca dell'engramma". E proseguiva: "Non è possibile dimostrare in alcuna parte del sistema nervoso la localizzazione di una singola traccia di memoria. Regioni limitate sono in alcuni casi indispensabili per l'apprendimento e la ritenzione di una particolare attività, ma entro queste regioni le parti sono funzionalmente equivalenti; l'engramma è cioè rappresentato dall'intera regione". Mentre Lashley sosteneva, sulla base dei suoi numerosi esperimenti, questa tesi, Wilder G. Penfield conduceva una serie di osservazioni sulla memoria umana che lo indussero a localizzarla nei lobi temporali. Mediante la stimolazione elettrica di vari punti dei lobi temporali di alcuni dei suoi pazienti, Penfield fu in grado di stimolare le reviviscenza di esperienze passate. I resoconti erano estremamente dettagliati, al punto che i soggetti sottoposti a stimolazione corticale avevano la precisa sensazione di partecipare a una concatenazione di eventi che si succedevano esattamente come nelle circostanze originali. Essi erano sia spettatori che attori della rappresentazione teatrale corrispondente alla rievocazione del ricordo. La percezione tanto vivida delle rievocazioni stimolate le distingueva nettamente dai ricordi consueti, se non altro perché la sensazione soggettiva era paragonabile a quella di chi vive contemporaneamente due esperienze: quella nell'ambulatorio del medico era cioè *simultanea* a quella evocata dalla stimolazione e, a livello mentale, letteralmente rivissuta. D.E. Wooldridge riferisce che le discussioni effettuate con persone sottoposte alla stimolazione corticale dei lobi temporali hanno condotto a coniare l'espressione *coscienza doppia* per descrivere il loro stato. Penfield annotò che la partecipazione soggettiva alla rievocazione degli avvenimenti immagazzinati era tale da scatenare le medesime reazioni emotive e provocare le identiche interpretazioni degli eventi formulate all'epoca in cui i fatti, riemersi ora dalla memoria, si erano per la prima volta presentati all'attenzione dei pazienti. In altre parole la rievocazione non rappresentava una semplice presentazione della sequenza temporale delle immagini e dei suoni immagazzinati nella memoria ma, piuttosto, innescava l'originale tumulto di sensazioni, sentimenti, passioni, ragionamenti, intuizioni e interpretazioni (vere o false che fossero).

Se all'apparenza i risultati di Penfield sembrano contrapporsi decisamente alle conclusioni di Lashley, in una certa misura ne rappresentano invece la più evidente conferma. Secondo D.E. Wooldridge, ad esempio, è assai ragionevole ritenere che la corrente elettrica inviata nel lobo temporale venga trasmessa in altre regioni e che la ricostruzione dei ricordi ricorra a connessioni con altre parti del cervello, che all'epoca dei fatti erano state implicate, riproducendo ora la successione degli eventi memorizzati mediante processi neurali che connettono i differenti "reparti del magazzino in cui hanno probabilmente sedi separate le parti qualitativamente diverse di un dato ricordo". Questi processi genererebbero la sequenza degli episodi memorizzati mediante un'attività globale che, anche a distanza di anni, innescherebbe i molteplici livelli di consapevolezza distribuiti nelle varie aree e regioni cerebrali. Anche Douglas Hofstadter precisa che i ricordi, scatenati da stimolazioni in precise aree localizzate, potrebbero poi essere rievocati nella loro ricchezza di dettagli e sfumature mediante una serie di processi diffusi in tutto l'encefalo. Aggiunge che, ammesso che i ricordi siano registrazioni locali, è plausibile che i medesimi si trovino in più regioni corticali differenti, come garanzia contro possibili lesioni accidentali. "Quello che è certo è che i ricordi – chiarisce Edoardo Boncinelli – non sono confinati in una regione troppo ristretta del nostro cervello. Alcuni pensano addirittura che potrebbero essere distribuiti su tutta la superficie della corteccia cerebrale."

Le tecniche come la PET e la risonanza magnetica funzionale permettono oggi di ottenere informazioni sulle attività di varie regioni durante l'esecuzione di esperimenti di memorizzazione. È stato recentemente possibile identificare le strutture del lobo temporale mediale implicate nella formazione dei ricordi. E. Teng e L.R. Squire hanno effettuato una serie di esperimenti sulla memorizzazione di luoghi su un paziente di settantasei anni che aveva subito lesioni al lobo temporale mediale. Dai risultati di queste osservazioni si evince che le strutture del lobo temporale mediale sono fondamentali per la formazione di nuove memorie spaziali.

È uso suddividere la memoria dell'uomo in almeno due grandi categorie: la memoria permanente e quella a breve termine. La collezione dei ricordi del passato è in relazione con la nostra identità attraverso il tempo: "Io sono oggi lo stesso di ieri o di un anno fa, – constata Toraldo di Francia – perché mi ricordo quello che ho fatto ieri o un anno fa". Un ricordo, una volta che si è ben inserito nella memoria permanente, sembra decisamente intensificarsi con il trascorrere del tempo. Un meccanismo che spiega agevolmente questo fenomeno risiede nella constatazione che la gran parte dei neuroni si attivano spesso in modo spontaneo, senza cioè che ci sia la necessità di stimoli esterni. I flussi generati a caso tendono a percorrere tracciati di bassa resistenza rafforzando e stabilizzando i circuiti relativi. La traccia di un ricordo ne esce tanto più intensificata quanto più lungo è il tempo trascorso da quando esso si è instaurato per la prima volta. Le persone anziane rammentano vividi particolari e dettagli del loro passato con grande precisione: le correnti spontanee hanno avuto molto tempo per consolidare i ricordi nella loro memoria permanente.

Accanto alla memoria permanente esiste quella relativa a quanto è accaduto da poco: si tratta dell'insieme di processi che ci permette di seguire il corso di una conversazione o di memorizzare un nuovo indirizzo di posta elettronica o un nuovo numero di telefono.

In psicologia si operano ulteriori distinzioni. All'interno della memoria permanente o a lungo termine, si definisce *dichiarativa* la memoria relativa a eventi particolari e alle conoscenze esplicitabili; un'ulteriore suddivisione viene effettuata, all'interno della memoria dichiarativa, tra memoria *episodica* e memoria *semantica*. È chiamata invece *procedurale* la memoria permanente generata da un grande numero di ripetizioni di una determinata procedura: una volta instauratasi, quest'ultima non richiede alcuna consapevolezza. La guida dell'automobile e quella della bicicletta rappresentano altrettanti esempi di memorie procedurali.

La memoria a breve termine, che è certo in relazione con la nostra consapevolezza e autocoscienza, viene suddivisa a sua volta in *memoria iconica* e *memoria di lavoro*. La memoria di lavoro (detta anche *operativa*) ci permette, ad esempio, di ricordare le frasi di testo appena lette o quelle appena udite in una conversazione: ci permette anche di tenere a mente le informazioni che abbiamo attinto proprio ora dalla memoria permanente. A questo proposito va precisato che ci sono dei meccanismi di scambio di informazioni tra la memoria a breve e quella a lungo termine, come ognuno di noi sa bene. Se desidero che un'informazione appena appresa si consolidi utilizzo questi canali per trasferire i dati dalla memoria a breve termine in quella a lungo termine. Sappiamo anche di poter trasferire i ricordi dalla memoria permanente a quella di lavoro. Non si conoscono i dettagli di questo sistema di trasferimento di informazioni tra i due tipi di memoria ma si sa che soggetti che hanno subito lesioni all'ippocampo, una delle strutture del sistema limbico, pur conservando la memoria permanente non riescono più ad arricchirla con nuovi dati: smettono cioè di imparare nuove cose perché si è in loro considerevolmente affievolita l'abilità di trasferire le informazioni acquisite da poco dalla memoria a breve termine verso quella a lungo termine. Strutture diverse, nel cervello, si occupano della memoria a breve termine, di quella a lungo termine e dei trasferimenti dei ricordi dall'una all'altra.

È abbastanza chiaro che certe caratteristiche dell'intelligenza sono correlate con l'ampiezza della memoria a breve termine: quanto più grande è la memoria di lavoro, tanto maggiore è la quantità di informazioni e di elementi che un individuo può "simultaneamente osservare". Maggiore sarà cioè il numero di dati che potrà associare, raffrontare e su cui potrà, in ultima analisi, ragionare. La nostra razionalità sembra fortemente legata alla memoria, alla quantità di associazioni e comparazioni che siamo in grado di effettuare in un breve lasso di tempo.

È un tipo di razionalità singolare, a sovranità limitata, per così dire: esistono molti esperimenti psicologici che mostrano come non ragioniamo sempre per schemi logici. Non siamo computer e certamente, come vedremo tra poco, esistono continue interazioni tra gli aspetti razionali del nostro agire e quelli emotivi. Queste interazioni avvengono su più livelli e in entrambe le direzioni: tutti sappiamo come talora ci accada di essere dominati dai sentimenti mentre in altre circostanze possiamo avere un maggior controllo delle emozioni mediante valutazioni pacate e ragionevoli. Se la corteccia è certamente la sede della razionalità dobbiamo ora chiederci quali siano le strutture che gestiscono e governano le passioni e i sentimenti. Ci aspettiamo esistano continue relazioni, vie nervose e circuiti che connettono continuamente queste strutture con la corteccia consentendo un flusso di informazioni in entrambe le direzioni. Tali flussi di segnali permetteranno, sulla base del confronto tra le informazioni sensoriali e i ricordi immagazzinati, di far assumere il controllo della situazione alla struttura più adeguata: che non sempre, come vedremo, sarà la corteccia.

Emozioni

Il nostro cervello non è sede della sola razionalità ma anche dei sentimenti. Esistono strutture del sistema limbico preposte alla gestione degli stati emotivi: la loro interazione con la corteccia produce quella che alcuni hanno definito come la nostra *intelligenza emotiva*. In effetti è stato dimostrato che la *memoria emotiva* ha sede nelle amigdale (una per ogni lato del cervello).

La rilevanza dall'amigdala nella memoria emozionale è stata evidenziata e riconosciuta grazie alle ricerche di Joseph LeDoux del Center for Neural Science dell'Università di New York. Consideriamo, come esempio particolarmente significativo, quello rappresentato da una situazione in cui, improvvisamente, il nostro cervello percepisce segnali sensoriali che potrebbero preludere a un pericolo imminente. La paura ha certamente svolto un ruolo cruciale nei fenomeni evolutivi trattandosi, senza dubbio, di un'emozione decisiva per la sopravvivenza. Quando, in una situazione ordinaria, un improvviso messaggio potenzialmente pericoloso proveniente dall'ambiente giunge ai nostri sensi, esso viene smistato dal talamo lungo due direzioni: una si incanala verso i centri specializzati della corteccia; l'altra verso il sistema limbico e, in particolare, verso l'ippocampo e l'amigdala. L'ippocampo (che, lo ricordiamo, è implicato nella memoria del contesto: è cioè in grado di inquadrare e contestualizzare il significato di una percezione) compara la situazione che si è presentata agli ingressi sensoriali con altre circostanze analoghe già sperimentate nel passato e poi immagazzinate. Nel frattempo le regioni corticali preposte all'interpretazione dei segnali elaborano una raffinata analisi che permette di formulare una prima ipotesi sulla possibile origine dell'evento. Inviano questa interpretazione alle strutture del sistema limbico che la confrontano nuovamente con i dati immagazzinati e i ricordi relativi a situazioni analoghe del passato. Se il raffronto non ha un esito soddisfacente, tale cioè da abbassare il livello d'attenzione per riportarlo ai valori precedenti, si attivano rapidamente interazioni tra l'amigdala e i lobi prefrontali. Tali interazioni innescano uno stato generale di attenzione e di allarme: e se anche l'analisi della corteccia prefrontale corrisponde a una risposta incerta, allora l'amigdala inizia a inviare segnali di stimolo all'ipotalamo, al tronco cerebrale e al sistema neurovegetativo. Nei casi di emergenza, in cui cioè è opportuno si generi un sentimento di paura nell'organismo perché è messa in gioco la sua sopravvivenza, l'amigdala si occupa di inviare messaggi e attivare differenti regioni del cervello allo scopo di predisporlo all'azione più adeguata alle circostanze specifiche. Grazie a questi segnali viene stimolata, ad esempio, la produzione degli ormoni che, di volta in volta, innescheranno le reazioni opportune: fuga o aggressione. Inoltre saranno interessati i centri motori e si mobiliteranno i muscoli.

In effetti l'amigdala è strutturata in modo tale da ricevere informazioni sia dal talamo, che è un centro di smistamento dei segnali sensoriali, che dal bulbo olfattivo. Ma è anche predisposta per inviare stimoli a tutte le parti del cervello utilizzabili nelle differenti circostanze: l'ipotalamo per la produzione degli ormoni, i sistemi che controllano i movimenti volontari, il sistema neurovegetativo per l'attivazione, mediante il midollo spinale, di una sequenza di reazioni che coinvolgono i muscoli e il sistema cardiovascolare, il tronco cerebrale per la produzione di noradrenalina che, una volta diffusa nel cervello, ne accresce la reattività.

L'amigdala e l'ippocampo possono dunque, in situazioni giudicate di emergenza, assumere il controllo della situazione *ordinando* di fissare l'attenzione sull'evento, di sopprimere i movimenti non pertinenti e i pensieri non rilevanti, di far assumere al volto l'espressione adeguata e di evocare i ricordi utili alla risoluzione del problema che si è presentato: il sentimento di paura diventa consapevole e assistiamo, in un intervallo di tempo di circa un secondo, all'instaurarsi di quello che Daniel Goleman definisce come un "sequestro neurale".

L'amigdala è dunque la sede di emozioni come la paura ma, naturalmente, non solo: tutte le componenti della personalità di ogni individuo devono fare i conti con questa struttura che influenza i nostri comportamenti innescando, talora, processi neurali che rappresentano una prima e grossolana risposta a domande assai semplici e dirette. Tutto quanto viene percepito da occhi e orecchi è diretto al talamo e da lì si dirama *prima* verso l'amigdala e *poi* verso la corteccia. La reazione dell'amigdala può pertanto anticipare quella della corteccia, le cui risposte sono sì assai più sofisticate ma anche molto più lente. I segnali che dal talamo vanno direttamente all'amigdala incoraggiano lo svilupparsi di reazioni e sentimenti primitivi che, in determinate circostanze di particolare emergenza e urgenza, si rivelano assai efficaci.

La risposta emozionale può pertanto, e questo è probabilmente quello che avviene di solito, essere innescata da ingressi sensoriali che vanno dal talamo alla corteccia e poi da questa all'amigdala. Ma l'esistenza di una via diretta tra percezioni, talamo ed amigdala, dimostrata da LeDoux mediante i suoi esperimenti - effettuati naturalmente su animali - sul condizionamento alla paura, permette anche che le strutture del sistema limbico attivino reazioni di tipo emotivo in anticipo rispetto a quelle più sofisticate della corteccia: realizzandosi prima cioè che quest'ultima abbia concluso l'elaborazione dei dati sensoriali in suo possesso.

Coscienza: dove, quando, perché

Dove avviene, nel cervello, l'esperienza cosciente? Esiste una sede della coscienza all'interno della nostra testa? Descartes, si sa, credette di poter individuare nell'epifisi o ghiandola pineale la sede dell'interazione tra la mente e il cervello: "Questa ghiandola è la sede principale dell'anima e il luogo primigenio di tutti i pensieri - dichiarava il pensatore - e ne sono profondamente convinto perché non ho trovato alcuna parte del cervello, tranne questa, che non sia duplice. Ora, dato che vediamo solo una cosa con i due occhi, udiamo una sola volta con le due orecchie e pensiamo un solo pensiero alla volta, ne deve per forza conseguire che i differenti oggetti che entrano attraverso i due occhi o le due orecchie debbano convergere in qualche parte del corpo per diventare oggetto dell'anima". Descartes stava affrontando, mentre scriveva queste parole, il cosiddetto *problema mente-corpo*. La questione si manifesta allorché la si consideri nella seguente prospettiva: siccome il cervello è fatto di materia, esso deve soggiacere alle leggi della fisica. Qualora perciò il lettore si consideri libero di effettuare delle scelte, sembra che queste ultime siano possibili solo a patto di poter "violare o sospendere le leggi della fisica" per esprimerci con le parole di Paul Davies. La soluzione dualistica di Descartes secondo cui esisterebbero due tipi di sostanza, quella fisica (res extensa) e quella mentale (rex cogitans), che interagirebbero tramite l'epifisi, non sa spiegare come questa interazione avvenga: come cioè sia possibile che la materia mentale influenzi quella fisica e viceversa.

Oggi molti ricercatori ritengono che l'attività della mente *coincida* con quella del cervello e che non sia tanto la materia quanto l'organizzazione della stessa a far emergere la coscienza. Quest'ultima sarebbe cioè una proprietà *emergente* che, come la vita e il flusso del tempo, scaturirebbe dall'interazione e dall'organizzazione funzionale di grandi numeri di elementi. Si ritiene inoltre che non ci sia la necessità di identificare un luogo in cui avviene l'interazione tra la mente e il cervello, un punto di contatto. Ma il filosofo Daniel Dennett va oltre e dichiara che la ricerca di un luogo e di un istante in cui nel "cervello-mente" avverrebbe l'esperienza cosciente tradisce anch'esso un atteggiamento cartesiano. Egli in definitiva contesta la più o meno consapevole inclinazione a rappresentare una sede centrale della coscienza dove tutte le percezioni tenderebbero a convergere. Si tratta, se vogliamo, della nostra maniera usuale, legata al buon senso, di identificare l'io cosciente. Un ipotetico spettatore se ne starebbe nella testa di ognuno di noi ad attendere che i flussi delle sensazioni e il tumulto delle percezioni gli fossero presentati in forma più o meno ragionevole. Se così fosse, questo ipotetico spettatore dovrebbe avere anch'egli una mente. All'interno della quale un altro spettatore attenderebbe la rappresentazione della realtà esterna e così via, in un regresso all'infinito. È evidente che questa descrizione non può funzionare. Si tratta di un'idea infantile dalla quale tuttavia nessuno di noi riesce a sbarazzarsi. Dennett ha coniato l'espressione *materialismo cartesiano* proprio per definire questa inclinazione a immaginare la presenza di un punto o di una regione centrale (il talamo? i lobi frontali?) e di un istante preciso in cui la coscienza verrebbe illuminata. Ma questo preciso istante non può esistere, così come non è identificabile una sede della coscienza nel "cervello-mente".

Esistono numerosi esperimenti assai istruttivi che mostrano come l'usuale distinzione tra il *già percepito* e il *non ancora percepito* non sia più lecita, allorché si prendano in considerazione intervalli di tempo dell'ordine della frazione di secondo[30]. In questi esperimenti di dislocazione temporale si mostra che, su intervalli di tempo così piccoli, non esiste alcuna possibilità di confronto tra tempi fisici e tempi mentali e che, piuttosto, a partire da un vasto spettro di flussi di informazione, nel nostro cervello si realizzino molteplici definizioni di contenuto. Ogni flusso informativo è un processo che evolve in parallelo con molti altri. Queste idee trovano una parziale conferma nell'osservazione secondo la quale, al livello della corteccia cerebrale, la gerarchia nelle varie attività mentali risulta essere assai affievolita, se non del tutto assente: a livello corticale si assiste a una sorta di generale autocoordinamento delle funzioni, relativamente autonome, delle vari aree; un coordinamento che si manifesta in assenza di un centro discriminatore e decisionale[31]. Naturalmente ognuna di queste *molteplici versioni* (l'espressione è stata coniata da Dennett per identificare il suo modello) è distribuita nella corteccia. In linea di principio tutte le definizioni di contenuto sono localizzabili con precisione sia spaziale che temporale. Ma il fatto è che il loro insorgere "non segna l'insorgere della coscienza del loro contenuto". Ogni frammento narrativo persiste in vari luoghi del cervello e non c'è alcun istante

---

30 Ci riferiamo, ad esempio, agli esperimenti di dislocazione temporale condotti da G.B. Vicario: in questi esperimenti a una persona viene chiesto di identificare l'ordine temporale di un sequenza di tre suoni puri (il secondo molto più basso del primo e del terzo) ognuno della durata di 80 millesimi di secondo. Qualora la distanza tonale tra il secondo suono e gli altri due sia molto elevata (almeno quattro ottave) la totalità dei soggetti riferisce di percepire per ultima la nota di bassa frequenza, quella cioè fisicamente eseguita per seconda. L'ordine temporale psicologico è più in relazione con la somiglianza degli stimoli acustici che non il loro ordinamento fisico. Da questi esperimenti si desume che le relazioni *prima-dopo* psicologiche, quando gli intervalli temporali sono dell'ordine delle frazioni di secondo, possono non essere di natura temporale. Allorché, osserva il fisico Paul Davies, reagiamo al suono del telefono prima di avere la consapevolezza che stesse squillando, siamo protagonisti di un fenomeno in cui l'esperienza consapevole del suono è in ritardo sulla reazione riflessa.

31 Se ci riferiamo all'intero sistema nervoso centrale, invece, si presentano talora circostanze in cui certe strutture assumono un ruolo centrale e si instaura un regime gerarchico: si pensi al sistema limbico e, in particolare, dell'amigdala nella gestione di situazioni di emergenza. Abbiamo già discusso nel testo quanto un sentimento di paura, ad esempio, possa palesarsi in quello che Daniel Goleman ha definito un vero e proprio "sequestro neurale" da parte dell'amigdala. La quale diventa improvvisamente un centro decisionale: qualora la corteccia intervenga, lo può fare solo con un certo ritardo rispetto alle decisioni più grossolane ma certo assai più rapide imposte all'organismo dalle strutture del sistema limbico.

in cui una narrazione definitiva sarebbe presentata alla coscienza. Bisogna aggiungere, inoltre, che quando l'osservazione di una caratteristica è stata effettuata da una particolare zona del cervello, il contenuto di quell'informazione non va inviato in nessun luogo per una ripresentazione a qualche ipotetico spettatore interno. Al posto dell'io unitario Dennett individua una sorta di *pandemonio di parole* in competizione per essere dette. Da esse scaturisce quello che il filosofo identifica come un *centro di gravità narrativa*: quando raccontiamo agli altri e a noi stessi chi siamo, pur non immaginando deliberatamente quali storie raccontare e come farlo, induciamo chiunque (noi stessi compresi) a ritenere che le narrazioni provengano da un agente unitario. "I nostri racconti vengono tessuti, – osserva Dennett – ma per lo più noi non li tessiamo; essi ci tessono. La nostra coscienza umana – la nostra individualità narrativa – è un loro prodotto, non la loro fonte."

Una volta stabilito che non esistono una sede e un adesso per la coscienza, vale la pena di chiederci *perché* siamo coscienti. Una spiegazione assai suggestiva e, in una certa misura, anche persuasiva potrebbe essere quella secondo cui l'emergere della coscienza o, meglio, dell'autoconsapevolezza, ci conferirebbe un vantaggio in termini di adattamento all'ambiente: questo punto di vista è stato proposto da Richard Dawkins il quale ha individuato nella coscienza soggettiva il culmine della capacità di simulazione. Egli ha identificato nella simulazione, infatti, uno dei processi più importanti per prevedere il futuro: la simulazione corrisponde alla costruzione di modelli alternativi che, con gli occhi della mente, ci permettono di seguire l'evolvere di versioni semplificate delle circostanze e delle situazioni reali con cui ci stiamo effettivamente confrontando. L'elaborazione di questi modelli stilizzati ci consente di immaginare le conseguenze di svariate scelte alternative e di effettuare poi quella ottimale, avendo economizzato sia in energia che in tempo. "Le macchine per la sopravvivenza capaci di simulare il futuro – precisa Dawkins – sono più progredite di quelle capaci di apprendere soltanto mediante un procedimento di concreti tentativi ed errori. Un tentativo concreto ha l'inconveniente di richiedere tempo ed energia; un errore concreto ha l'inconveniente di essere spesso fatale. La simulazione è allo stesso tempo più sicura e più rapida." In altre parole la coscienza soggettiva, identificata con la simulazione di noi stessi, potrebbe essere stata favorita dalla pressione selettiva perché il processo simulativo conferisce un vantaggio agli organismi che sono in grado di attivarlo. L'autocoscienza insorgerebbe nel momento in cui la simulazione viene applicata a noi stessi, al nostro corpo e alla nostra mente, elementi e componenti anch'essi, e assai importanti, dell'ambiente da simulare. La coscienza costituirebbe allora "il culmine di una tendenza evolutiva verso l'emancipazione delle macchine per la sopravvivenza, considerate come entità decisionali esecutive, dai loro padroni ultimi, i geni".

Per quanto riguarda l'opinione di chi scrive, mi sembra di poter dichiarare che modelli semplificati della coscienza, per quanto attraenti, risultano spesso inafferrabili soprattutto perché sovente si limitano a rispecchiare i pareri, le concezioni filosofiche e le convinzioni più radicate dei loro autori, più che costituire il risultato di un'attenta e pacata ricerca sperimentale. Lo stesso Dawkins invita alla cautela e riconosce gli aspetti insoddisfacenti del suo suggerimento. E, a proposito di teorie e modelli relativi all'autoconsapevolezza, il fisico teorico Stephen Hawking ha recentemente dichiarato, a commento di un libro di Roger Penrose, di sentirsi a disagio allorché le persone parlano di coscienza: questo perché essa non è *misurabile*. Hawking preferisce discutere di intelligenza, una qualità che, almeno per taluni suoi aspetti, è misurabile e potrebbe, in linea di principio, essere simulata da una macchina. L'intelligenza delle macchine sarà l'argomento del prossimo capitolo.

5 Sistemi artificiali

Sapere senza sapere

Ha un qualche senso chiedersi da dove scaturiscano intelligenza e coscienza e, in particolare, se esse siano una prerogativa esclusiva dei cervelli biologici? Sono necessariamente associate? Possiamo immaginare un'intelligenza senza coscienza? La comprensione sembra intimamente legata a una sorta di tacito accordo o mutuo soccorso tra intelligenza e coscienza. Forse, se non avessi coscienza, la mia intelligenza non mi consentirebbe di *capire* il mondo.

Quando il nostro sofisticato computer esegue un calcolo, possiamo affermare che esso *capisca*? Il computer è uno strumento potente, in grado di aiutarci a svolgere il nostro lavoro, di procurarci nuovi divertimenti, di eseguire in vece nostra complicati algoritmi; e anche di batterci agevolmente quando lo sfidiamo nel gioco degli scacchi: perciò, in qualche rara occasione, siamo perfino disposti ad ammettere che, almeno in campi assai ristretti, esso manifesti una certa dose di intelligenza [32]. Ma, se di questo si tratta, è un'intelligenza diversa dalla nostra. Sebbene sia arduo trovare le parole adeguate per descrivere il profondo solco che separa l'intelligenza umana da quella (ammessa e

---

32 Anche se, assai più spesso, tendiamo a rassicurarci a vicenda osservando, con un sorriso di sufficienza e una certa aria di superiorità, quanto siano stupidi i computer!

non concessa) delle macchine, sembra di intuire, per quanto confusamente, una immensa *differenza qualitativa*.

Il problema è il seguente. Ognuno di noi ritiene di sapere cosa significhi "capire" e presume che anche gli altri, i suoi simili, comprendano in modo analogo al suo. Ma se così non fosse? Dopotutto nessuno di noi può effettivamente seguire il corso dei pensieri dei suoi simili. Chi o che cosa ci assicura che, quando rivolgiamo la nostra ammirata attenzione all'attività di qualcuno, costui non stia semplicemente eseguendo un programma di calcolo – assai sofisticato, certo! – ma che egli, come uno zombie, non sia affatto in grado di capire quanto sta facendo[33]? Al fine di evitare questa spiacevole immagine, solitamente assumiamo che ogni essere umano interpreti la realtà che lo circonda in maniera simile alla nostra. Inoltre siamo propensi a credere che l'intelligenza umana sia *qualitativamente superiore* a qualunque altra si possa concepire[34]. I computer sono tanto dissimili da noi, invece, che non fatichiamo a supporli come puri esecutori di ordini privi di consapevolezza, privi perciò di *vera* intelligenza.

Ma è davvero tanto ragionevole ritenere che intelligenza e coscienza debbano essere caratteristiche necessariamente correlate? Forme di intelligenza prive di coscienza esistono. Pur non essendone consapevoli, esse sono agenti che realizzano progetti. Pensiamo alle molecole di RNA messaggero che trasportano le informazioni genetiche necessarie per la fabbricazione delle proteine fuori dal nucleo cellulare: sembrano agire – semplici molecole inanimate, agglomerati d'atomi – con un fine preciso, un obiettivo. O focalizziamo la nostra attenzione sui geni – puri tratti di DNA – che, all'apparenza, si servono di

33 Gli zombie sono persone che, secondo la cultura vudu haitiana, sono state condannate, a causa delle loro malefatte, a trascinarsi meccanicamente come automi dipendenti dagli ordini di uno sciamano. Il termine, originato quindi per caratterizzare i *morti viventi* della cultura vudu, ha assunto poi, nel linguaggio filosofico, un significato diverso: indicando presunti esseri umani perfettamente normali nelle loro manifestazioni esteriori ma privi di coscienza.

34 Ma se un giorno le cose dovessero cambiare? Come possiamo essere certi che quell'intelligenza che ci distingue dalle macchine e dagli animali – tanto difficile da definire – sia unica e di proprietà incontrastata dell'uomo? Mutazioni casuali del genoma umano (ma anche di quello di altri animali) potrebbero in linea di principio condurre verso nuove specie equipaggiate con forme di intelligenza anche molto differenti dalla nostra e che oggi nessuno riuscirebbe nemmeno a immaginare.

noi per garantire l'immortalità alle precise e ordinate sequenze dei loro nucleotidi. O riflettiamo sul comportamento di un fiore. Immaginiamo di proiettare in pochi minuti l'intera storia della sua esistenza: "Osservate – suggerisce Daniel Dennett – come la pianta lotta per salire verso l'alto, per battere sul tempo le sue vicine [...] abbassandosi e ondeggiando come un pugile". Consideriamo pure lo spietato comportamento della vespa solitaria, la vespa *Sphex*, che, prima di deporre le sue uova paralizza, ma senza ucciderlo, un grillo per trascinarlo poi fino alla soglia della sua tana. Entra nella medesima per verificare che non ci siano problemi e poi lo porta dentro. A quel punto depone attorno a esso le uova e se ne va. Lei non ritornerà mai più ma, quando le uova si schiuderanno, le larve potranno nutrirsi del grillo vivo e paralizzato che si sarà conservato come se fosse stato mantenuto in frigorifero. Per quanto terribile, il comportamento della vespa sembra dettato da una pianificazione assai intelligente e diretta verso la realizzazione di un progetto. "Ma se, mentre la vespa è dentro a fare la sua ispezione preliminare, – precisa D.E. Wooldridge – il grillo viene spostato di alcuni centimetri, la vespa, uscendo dalla tana, porta di nuovo il grillo fino alla soglia, non dentro la tana, e ripete tutto il procedimento preparatorio: entra nella tana, controlla se tutto è a posto, esce a prendere il grillo. [...] In un esperimento, questo procedimento fu ripetuto quaranta volte, sempre con lo stesso risultato." Dedichiamo un po' d'attenzione, ora, alle api. Di solito siamo propensi a riconoscere che il comportamento di un'ape sia piuttosto intelligente. Se, ad esempio, trova del cibo, allorché ritorna all'alveare comunica questa notizia alle altre api. Lo fa mediante una danza che serve a trasmettere loro utili informazioni: il tipo di cibo, dove si trova e in quale quantità. Sembra che l'ape si prefigga degli scopi, che pianifichi, progetti, agisca per obiettivi. E che sappia come raggiungerli. Ma nel caso, ad esempio, della comunicazione della scoperta del cibo alle compagne dell'alveare si sa che, in realtà, non è affatto necessario che esse siano presenti. Se le antenne dell'ape vengono opportunamente stimolate, essa eseguirà ugualmente la sua caratteristica danza a beneficio di un pubblico inesistente. Ci sono, insomma, ottime ragioni per ritenere che essa agisca per automatismi, eseguendo una serie di numerosi programmi non molto dissimili da quelle procedure informatiche caratterizzate da istruzioni condizionali del tipo: "Se ... allora ...altrimenti ...". Per dirla con le parole di uno scrittore, Erik Fosnes Hansen, l'ape *sa senza sapere*. In ultima analisi fa, agisce, interagisce senza alcuna consapevolezza. E lo stesso potremmo dire di quei soggetti assai più complessi rappresentati dagli alveari. O dai formicai. In quanto organismo, un formicaio si difende dalle intrusioni di insetti di specie differenti. Ma, in fondo, non si tratta che di reazioni automatiche agli odori. Se un insetto estraneo assume l'odore adatto, può vivere in un formicaio senza subire alcun attacco da parte delle formiche [35].

Qualunque sia l'opinione del lettore sull'importanza della consapevolezza nelle azioni intelligenti, deve essere chiaro che non intendiamo certo tentare qui di definire o di fornire semplicistiche ricette atte a identificare o a misurare l'intelligenza. I migliori psicologi hanno cercato invano di imbrigliare questo concetto: e gli esiti di quei tentativi non sono stati certo esaltanti. Oggi nessuno desidera stabilire una teoria dell'intelligenza. Gli scienziati hanno assunto piuttosto un atteggiamento pragmatico che se, forse, non soddisfa pienamente molti di noi, per molti scopi pratici sembra funzionare: l'intelligenza, in quest'ottica, è un insieme di comportamenti evidenzianti, nell'agente che li manifesta, una elevata abilità a interagire efficacemente e adeguatamente con l'ambiente che lo circonda.

Macchine intelligenti

Mi propongo di affrontare il problema se sia possibile per ciò che è meccanico manifestare un comportamento intelligente". In questo modo introduceva l'argomento dell'intelligenza artificiale Alan Mathison Turing nel suo saggio "Macchine intelligenti" del 1948.

---

35 A questo proposito non possiamo trascurare di esplicitare le idee di Daniel Dennett quando introduce il concetto di *atteggiamento intenzionale*. Un sistema è intenzionale, secondo l'interpretazione di questo filosofo, se il suo comportamento è prevedibile sulla base dell'assunto che abbia qualche finalità. Così, chiarisce Dennett, sono agenti intenzionali "le macromolecole autoreplicanti, i termostati, le amebe, le piante, i ratti, i pipistrelli, le persone e i computer che giocano a scacchi". Giova ricordare che Dennett è un esponente di quel punto di vista secondo cui le funzioni superiori del cervello sono riproducibili su una macchina o, almeno, comprensibili. In fondo noi stessi siamo i discendenti di robot autoreplicanti. Queste "macchine molecolari – impersonali e incapaci di riflessione, che agiscono come robot, automaticamente e inconsapevolmente – sono la base ultima di tutta la capacità di agire e quindi del significato e della coscienza presenti nel mondo". È piuttosto chiaro quale sia il punto di vista di Dennett.

L'uomo ha cercato di costruire artificialmente forme di *vita intelligente* assai più spesso di quanto comunemente si creda: Jacques de Vaucanson ad esempio, nel XVIII secolo, realizzò un'anitra artificiale che non era solo in grado di nuotare ma anche di ingoiare chicchi di grano (i quali, va detto a onor del vero, non erano necessari al suo sostentamento). Anche l'orologiaio svizzero Pierre Jacquet-Droz fabbricò alcuni automi assai interessanti per l'epoca. Automi oggi conservati nel Museo di Arti e Storia di Neuchâtel. C'è un piccolo scrivano i cui compiti vengono realizzati grazie al controllo di una serie di codici memorizzati su alcuni dischi di metallo la cui sede si trova nella schiena dell'automa. Ma non potevano certo mancare, tra i robot di Jacquet- Droz, un bravo disegnatore nonché una giovane e promettente musicista. È in grado, questa sorprendente ragazzina, di eseguire cinque melodie differenti utilizzando la tastiera di un vero organo a canne: durante l'esecuzione respira e tradisce, forse, un po' d'ansia; poi fa la riverenza chinando il capo a seguito degli applausi del pubblico.

Gottfried Wilhelm Leibniz, filosofo, era affascinato da un sogno: un giorno, probabilmente non lontano, un *calculus ratiocinator* sarebbe stato in grado di dirimere qualunque controversia intellettuale: un complesso sistema di meccanismi – fatto di ruote dentate, molle e ingranaggi – sarebbe stato nella condizione di affrontare ogni problema e, soprattutto, di risolverlo. Non è dato sapere se il *calculus ratiocinator* sarebbe stato anche capace di formulare esso stesso (egli stesso?) le domande appropriate: problema che, come ogni bravo ricercatore sa bene, è assai più complicato di quello di rispondere correttamente alle stesse. Tuttavia non abbiamo ragione di dubitarne: in ogni caso sia che l'idea di Leibniz fosse solo un sogno, sia che il filosofo la considerasse una certezza, essa godette, nei secoli a seguire, di una notevole fortuna. Attraverso i primi meccanismi in grado di effettuare le operazioni più semplici dell'aritmetica, l'idea di Leibniz condusse alla macchina universale di Von Neumann: essa costituisce la base dei moderni calcolatori.

Il test di Turing

L'architettura dei moderni calcolatori (se trascuriamo le reti neurali artificiali su cui ci soffermeremo più diffusamente nel seguito) è basata sull'idea di Von Neumann di un'unità di elaborazione fisicamente separata dalla memoria: l'unità di elaborazione agisce sui dati eseguendo una serie di istruzioni definite da un programmatore (umano, di solito). Se riflettiamo ci rendiamo immediatamente conto che si tratta di dispositivi che, nella sostanza, non sono molto dissimili dagli automi di Jacquet-Droz: l'intelligenza di un uomo è stata trasferita al codice di calcolo il quale istruisce l'unità di elaborazione su quale sia il comportamento da seguire nelle circostanze *previste* dall'estensore del programma. Niente più di questo. Possiamo, certo, immaginare di realizzare un programma molto raffinato. I compiti che sarà capace di far svolgere alla macchina potranno essere assai sofisticati e complicati. Tuttavia, nel complesso, non avremo che un automa operante mediante *ingranaggi elettronici*: un sofisticato prodotto dell'ingegno *umano* capace di eseguire una sequenza di istruzioni definite in precedenza. Esattamente come i programmi memorizzati sui dischi metallici permettono alla piccola pianista di Jacquet-Droz di suonare l'organo, così i programmi di calcolo consentono al nostro elaboratore di interagire con noi e con la realtà esterna nei modi più svariati e, talora, forse persino inquietanti. Ma le regole del gioco devono essere previste dal programmatore umano durante la realizzazione dei suoi codici di calcolo[36].

A partire dalla seconda metà del secolo scorso, attraverso l'introduzione di reti di unità logiche elementari, (vale a dire quelle drastiche semplificazioni del neurone biologico proposte per la prima volta dal neurofisiologo Warren McCulloch e dal logico Walter Pitts nel 1943) si è tentato di aggirare questo ostacolo. E in effetti possiamo certo dichiarare che uno dei più moderni tentativi di realizzare artificialmente comportamenti intelligenti è nato dell'idea di simulare l'intelligenza mediante reti di neuroni artificiali che si ispirano ai

[36] Anche se va chiarito che il programmatore umano non è un burattinaio: una volta che il programma è stato inserito nel calcolatore, quest'ultimo agisce autonomamente. Consideriamo, ad esempio, un programma realizzato per giocare a scacchi. "Tutto ciò che può fare il programmatore – ha precisato Richard Dawkins – è di *predisporre* il calcolatore nel miglior modo possibile con un ragionevole equilibrio tra elenchi di nozioni specifiche e suggerimenti relativi alle strategie e alle tecniche". Il calcolatore poi, nel corso delle partite, dovrà affrontare situazioni sempre nuove e impreviste. Il programmatore, infatti, non può certo inserire nella memoria del computer tutte le alternative perché ci sono "più partite a scacchi possibili che non atomi nella Galassia".

sistemi biologici (*connessionismo*). L'architettura parallela delle reti neurali artificiali si fonda su un grande numero di unità elementari, connesse tra loro nei modi più bizzarri, su cui si *distribuisce* l'apprendimento.

La loro peculiarità consiste nella capacità di apprendere da esempi senza alcun bisogno di un meccanismo che ne determini a priori il comportamento. Eseguono i loro compiti in modi completamente diversi da quelli delle macchine alla Von Neumann: stabilendo autonomamente le rappresentazioni interne e modificandole sulla base della presentazione ripetuta di esempi, esse apprendono dai dati d'esperienza. Addestrare una rete neurale artificiale corrisponde a effettuare un certo numero di cicli di apprendimento grazie ai quali la rete genera una rappresentazione interna del problema. Se le insegnamo ad associare delle immagini, ad esempio, dopo l'apprendimento la rete effettuerà le associazioni corrette anche se le immagini in ingresso sono parzialmente differenti da quelle originali: quelle cioè utilizzate nelle fasi di apprendimento. Questa grande flessibilità le deriva dal fatto che l'informazione è condivisa da tutte le unità di elaborazione e dalle loro connessioni: la rete non deve eseguire le istruzioni di alcun codice scritto in precedenza da un programmatore.

Possiamo affermare che le reti neurali artificiali abbiano realizzato frammenti di intelligenza? L'associazione dei dati di esperienza, l'indirizzabilità per contenuto, la capacità di classificare e quella di generalizzare connotano certamente alcune caratteristiche dell'intelligenza; in tal senso si potrebbe essere tentati di rispondere positivamente alla domanda. Se tuttavia guardiamo a queste caratteristiche prese singolarmente e nella misura in cui è possibile realizzarle concretamente, siamo piuttosto incoraggiati a enfatizzare altri aspetti delle reti neurali artificiali: ad esempio la loro utilità.

Va anche precisato che le ricerche dell'informatica e dell'intelligenza artificiale non si esauriscono nello studio delle reti neurali artificiali: il settore certamente più sviluppato – e con cui tutti noi prima o poi abbiamo avuto a che fare – trae origine dal tentativo di simulare i nostri processi mentali rappresentabili in maniera simbolica. Anziché alla struttura del cervello esso si ispira a quello della mente razionale.

In ogni caso quanto è stato realizzato è ben lontano da quello che comunemente intendiamo con la parola intelligenza. Sarà sempre così? La domanda che desidero porre all'attenzione del lettore è la seguente: "Ci sono dei vincoli che impediranno per sempre la realizzazione di macchine intelligenti?"

Probabilmente Alan Turing non era di questo parere quando formulò la sua scandalosa domanda. Una domanda che, dando per scontato che una macchina intelligente fosse prima o poi realizzabile, veniva formulata per andare oltre e cercare di stabilire, una volta giunti al suo cospetto, come capire se l'obiettivo fosse stato effettivamente raggiunto. Turing fornì anche una risposta. Egli era interessato al *comportamento* della macchina. Il suo era, in effetti, un atteggiamento assai pragmatico. Se il comportamento di una macchina fosse giudicabile, secondo un qualche criterio, come intelligente ebbene, per Turing, la macchina andrebbe definita come un agente intelligente: e non ci sarebbe niente altro da aggiungere.

Immaginiamo un gioco di società, scriveva Turing nel 1948, che si svolga in questo modo. Un giocatore deve indovinare il sesso di due interlocutori nascosti alla sua vista e che possono interagire con lui solo attraverso una telescrivente. Egli è a conoscenza del fatto che i due interlocutori sono un uomo e una donna e deve indovinare chi sia l'uomo e chi sia la donna. Per farlo può formulare qualunque tipo di domanda a entrambi. Sulla base delle risposte scritte che riceverà dovrà stabilire chi sia l'uomo e chi sia la donna. Il gioco è reso interessante dal fatto che l'uomo fornirà risposte che tenderanno a ingannare l'interrogante. La donna, invece, cercherà di aiutarlo.

La domanda originale sull'intelligenza delle macchine viene allora formulata da Turing come segue: se il ruolo dell'uomo nel gioco di società venisse assunto da un calcolatore (o meglio: da un programma di calcolo costruito appositamente allo scopo) e se quindi l'identificazione riguardasse ora una macchina e un essere umano, l'interrogante sbaglierebbe altrettanto spesso di quando il gioco si svolge con un uomo e una donna?

Secondo Turing se questo accadesse, se cioè l'interrogante non fosse in grado di distinguere tra un calcolatore e un essere umano nella stessa misura in cui non è in grado di farlo tra un uomo e una donna nelle condizioni descritte, allora la macchina avrebbe superato il test e dovrebbe essere giudicata, in conseguenza di ciò, intelligente.

In termini più moderni: se, in relazione a una data capacità cognitiva, il comportamento di una macchina non è distinguibile da quello di un essere umano allora la macchina deve essere considerata padrona di quella capacità cognitiva.

A lezione di cinese

Il superamento del test di Turing da parte di una macchina può realmente essere considerata condizione sufficiente per stabilirne l'intelligenza? Non era certamente di questo parere John R. Searle allorché propose il suo ormai celebre esperimento (che, va detto a onor del vero, nessuno si è mai sognato di realizzare). Immaginiamo una stanza al cui interno ci sia una persona che conosca solo l'inglese (o, se preferite, l'inglese e l'italiano). Il fatto importante, in realtà, è che il nostro uomo non conosce una sola parola di cinese. Immaginiamo poi che la stanza contenga, riportati su dei fogli ordinati e facilmente recuperabili da un archivio ben organizzato, tutti gli ideogrammi cinesi. Assumiamo, inoltre, che il nostro uomo abbia a disposizione un enorme manuale, scritto nella lingua che il nostro amico conosce meglio, descrivente senza alcuna ambiguità tutte le regole di associazione degli ideogrammi cinesi. Fuori dalla stanza (la stanza cinese) dei turisti cinesi possono introdurre, grazie a una fessura opportunamente preparata nel muro, tutti gli ideogrammi corrispondenti a qualunque conversazione in cinese desiderino. Consultando il suo enorme manuale, il nostro uomo manipolerà gli ideogrammi inseriti associandoli ad altri, seguendo rigorosamente le regole del suo manuale. L'uomo che non sa il cinese è nelle condizioni di conversare amabilmente con il gruppo di turisti cinesi pur non conoscendo il significato di quanto dichiara e non capendo assolutamente nulla della discussione. La stanza cinese supera in tal modo assai agevolmente il test di Turing. Naturalmente l'uomo nella stanza rappresenta il calcolatore, il manuale è il programma mentre gli estensori del manuale sono i programmatori. La critica di Searle al test di Turing si può riassumere affermando che mentre un programma di calcolo manipola simboli, cioè è formale o sintattico, il nostro cervello annette significati ai simboli: è semantico.

Ma siamo proprio certi della validità di questi argomenti? Forse la pura manipolazione formale di simboli è sufficiente, dato un livello adeguato di complessità, a far *emergere* significati. Inoltre: perché è tanto fastidioso ammettere che il signore nella stanza manipola i simboli senza capirne il significato? Non è esattamente quanto accade ai singoli neuroni del nostro cervello? Ogni unità di elaborazione di quella fitta rete manipola flussi di segnali elettro-chimici senza annettere a essi alcun significato: il quale emerge dalla complessità dell'organizzazione.

Anche Roger Penrose, il quale non è certo un sostenitore del punto di vista dalla cosiddetta Intelligenza Artificiale funzionalistica o IA forte (secondo la quale l'intelligenza non è altro che la manipolazione algoritmica di simboli) dichiara, a proposito della stanza cinese di Searle quanto segue: "Searle afferma che la distinzione tra la funzione dei cervelli umani (che possono avere una mente) e quella di computer elettronici (che, secondo la sua tesi, non possono averla), in grado gli uni e gli altri di eseguire lo stesso algoritmo, risiede esclusivamente nella loro struttura materiale. Searle sostiene, ma per ragioni che non è in grado di spiegare, che gli oggetti biologici (cervelli) possono avere "intenzionalità" e "semantica" che egli considera i caratteri definitori dell'attività mentale, mentre quelli elettronici non possono averne. Non mi pare che questo fatto indichi di per sé la via di una teoria scientifica utile della mente. Che cosa c'è di così speciale nei sistemi biologici, a parte forse il modo "storico" in cui si sono evoluti (e il fatto che tali sistemi siamo *noi*) per farli considerare una categoria a sé, come gli oggetti a cui è permesso di conseguire intenzionalità e semantica? Quest'affermazione mi sembra molto simile a un'asserzione dogmatica, forse addirittura non meno dogmatica di certe asserzioni dell'IA forte, come quella che la semplice esecuzione di un algoritmo potrebbe evocare uno stato di consapevolezza cosciente!"

L'argomento di Penrose è convincente e, in effetti, sia le tesi dell'IA forte che quelle di Searle, almeno nella forma in cui le abbiamo esposte qui, sembrano un po' estreme. Con questo intendiamo che non sembrano molto ragionevoli né l'asserzione secondo la quale l'intelligenza umana non sarà mai riproducibile né quella secondo cui lo sarà certamente. Su quali basi sperimentali e verificabili è lecito esprimere un giudizio che non si limiti a prendere atto di semplici opinioni, per quanto argomentate e sofisticate, e personali inclinazioni? La scienza dei calcolatori è stata e sarà utile indipendentemente dal fatto che sia possibile produrre artificialmente l'intelligenza. Se accadrà ne saremo tutti felici, qualora dovessimo trarne benefici e giovamento. Inoltre, *en passant*, va comunque riconosciuto all'informatica di aver prodotto risultati che permettono simulazioni di piccoli frammenti di intelligenza, fornendo talora strumenti utilizzabili per una migliore comprensione dei meccanismi soggiacenti al funzionamento del cervello.

Siccome è arduo, comunque, non esprimere un parere in merito al dibattito tra IA forte e critici irriducibili della stessa (ma sottolineiamo che solo di questo si tratta: un'opinione), sembra plausibile a chi scrive – anche se nella sua critica Penrose utilizza questa affermazione con fini provocatori – che sia proprio il modo "storico" con il quale i sistemi biologici sono evoluti a fare la sostanziale differenza tra i cervelli naturali e le macchine. Pare infatti che di tutte le grandezze che abbiamo via via descritto, quella che meglio caratterizza la complessità organizzata sia la profondità o, in ultima analisi, il tempo e il lavoro necessari per realizzare l'elaborazione di una data stringa-messaggio.

Quanto oggi giudichiamo intelligente è il risultato di un'evoluzione durata miliardi di anni, un'elaborazione di informazioni che ha scartato innumerevoli tentativi producendo, in conseguenza di ciò, una quantità enorme (davvero cosmica) di entropia. Quanto al cervello umano, esso è stato finemente modellato per milioni di anni. È ben difficile immaginare di poter realizzare artificialmente sistemi altrettanto profondi. Il tempo scarseggia. Un calcolatore di dimensioni cosmiche qual è l'universo ha impiegato miliardi di anni per elaborare tanta complessità organizzata, tanta profondità. Sembra, in definitiva, che l'uomo, dopo essere stato estromesso e relegato alla periferia di un universo "sordo alla sua musica, indifferente alle sue speranze, alle sue sofferenze", per riferirsi alla disperata e terribile sentenza di Jacques Monod, ritorni, con grande dignità, decisamente al centro: certamente, e non solo qui sulla Terra, egli può dichiararsi veramente molto *profondo*[37]. "Una delle cose più deprimenti degli ultimi tre secoli di scienza – secondo il parere di Paul Davies – è il modo in cui

---

37 Anche se è bene fare attenzione e precisare un punto rilevante: noi uomini tendiamo a considerarci il prodotto più importante e meglio riuscito dell'evoluzione e a definire il nostro cervello come superiore a quello delle altre creature. "Tuttavia – esorta Richard Restak – se ci abbassiamo un po' a osservare le cose con meno egocentrismo, vediamo che 'superiore' e 'inferiore' sono solo termini che usiamo per distinguere le creature affini a noi ('superiori') da quelle più dissimili (le forme 'inferiori'). Per esempio il cervello di un delfino è specializzato per valorizzare i centri nervosi utili alla vita nell'oceano. Quindi il cervello del delfino è 'superiore' e più evoluto del nostro nell'ambiente acquatico, ma è 'inferiore' e inadatto a sopravvivere su una superstrada". Restak ha perfettamente ragione, è ovvio. Il concetto che intendiamo esprimere nel testo è, naturalmente, in relazione con il desiderio di riabilitazione dell'uomo (e delle sue capacità logiche e razionali) che si contrappone provocatoriamente alla *moda* imperante in certi ambienti scientifici. Non possiamo dimenticare che il cervello dell'uomo gli ha permesso di popolare regioni ostili, visitare le profondità degli oceani e lo spazio esterno, conoscere i particolari più intimi della materia, la raffinata struttura dello spazio-tempo, riflettere e indagare con strumenti generalmente affidabili sulla sua mente e sulla sua intelligenza. Non ci risulta che lo stesso si possa affermare del cervello dei ratti. E nemmeno di quello dei delfini.

si è cercato di emarginare, rendere insignificanti, gli esseri umani, e quindi alienarli dall'universo in cui vivono. Io sono convinto che abbiano un posto nell'universo, non un posto centrale, ma comunque una posizione significativa".

Chiarito questo punto, è ora bene che approfondiamo l'argomento delle reti neurali artificiali e ne valutiamo analogie e differenze rispetto ai reali processi cognitivi. Per i nostri scopi sarà sufficiente considerare due tipi di reti artificiali: quelle multistrato basate sul meccanismo della retropropagazione dell'errore e le reti di Hopfield, analoghe ai sistemi magnetici. Prima di introdurle è necessario descrivere sommariamente le unità elementari che le costituiscono.

Il neurone di McCulloch e Pitts

Come già sappiamo, accanto al settore dell'intelligenza artificiale basato sulle relazioni simboliche caratterizzanti certi processi mentali[38], si è sviluppata una ricerca che, sfruttando le conoscenze acquisite sul cervello, ha stilizzato il neurone biologico nel tentativo di simularne alcune caratteristiche all'interno di reti artificiali che si ispirano a quelle naturali. Le reti neurali artificiali non maneggiano simboli ma realizzano un approccio all'elaborazione dell'informazione distribuito che trae la sua origine dai meccanismi con i quali, presumibilmente, funziona il cervello. Quelle realizzate fino a oggi hanno mostrato prestazioni che le hanno rese interessanti per molti settori tecnologici. Inoltre il loro studio e la simulazione hanno dato un contributo significativo alla riflessione sul cervello.

Il neurone di McCulloch e Pitts è una drastica semplificazione – o, se preferiamo, un'idealizzazione – del neurone biologico. Si tratta, in sostanza, di un'unità logica in grado di fornire un'uscita binaria (zero oppure uno) in base al risultato di una semplice computazione effettuata sui valori assunti da un certo numero di *dati* che si trovano sui suoi canali d'ingresso. A ognuno dei canali di ingresso viene assegnato un valore numerico, o *peso*. L'unità logica è caratterizzata da un valore numerico, un valore di *soglia*. Il tipo di computazione effettua-

[38] Secondo questo approccio un calcolatore viene istruito a maneggiare simboli in modi analoghi a quelli seguiti, si presume, dalla nostra mente.

to da una singola unità logica è, in effetti, assai elementare: essa confronta continuamente la somma pesata dei dati che si presentano ai suoi canali di ingresso con il valore della soglia[39]. Se, in un dato istante, il valore di soglia viene superato allora sul canale di uscita si troverà il valore uno. Altrimenti l'output sarà posto a zero[40] (Fig. 5.1). L'analogia con il neurone biologico è evidente, così come l'estrema semplificazione rispetto ai reali processi che avvengono a livello cerebrale nelle cellule neurali. I canali di ingresso corrispondono, in questo modello, ai dendriti biologici mentre il canale di uscita rappresenta l'assone. I pesi delle connessioni sono in relazione con le intensità delle sinapsi mentre la computazione effettuata dalle unità logiche a soglia simula, assai approssimativamente, quella eseguita dai neuroni biologici: i quali, lo ricordiamo, sulla base dell'integrazione dei segnali post-sinaptici, "decidono" se inviare o no un impulso nervoso lungo i loro assoni.

Un po' di logica

Il neurone di McCulloch e Pitts è, in sostanza, un *classificatore lineare*. Con la parola classificatore intendiamo qui un dispositivo, o una procedura, in grado di suddividere un insieme di dati assegnandoli, per le loro caratteristiche, a classi differenti. L'appartenenza dei dati a una classe anziché a un altra è stabilita da qualche criterio. Nel caso del neurone di McCulloch e Pitts, gli insiemi di dati in ingresso sono

---

39 Per somma pesata dell'insieme di n numeri $x_1,\ldots,x_n$ (che rappresentano, nel nostro caso, gli ingressi dell'unità logica) con pesi $p_1,\ldots,p_n$ si intende l'espressione $s=p_1 x_1+\ldots+p_n x_n$. Se indichiamo con t il valore della soglia che identifica l'unità logica, l'attività del neurone artificiale di McCulloch e Pitts consiste nel calcolare il valore di s e confrontarlo con quello di t. Se s risulta maggiore di t allora l'uscita assume il valore uno. Altrimenti essa viene posta a zero.

40 Il neurone di McCulloch e Pitts può, naturalmente, essere generalizzato. L'uscita, anziché binaria, può essere calcolata come una funzione della combinazione lineare dei dati di ingresso. Si tratta della cosiddetta funzione di trasferimento. Possiamo vedere il neurone di McCulloch e Pitts come un caso particolare: quello corrispondente a una funzione di trasferimento a gradino. Le reti neurali odierne sono basate su unità logiche con funzioni di trasferimento a forma di gradino smussato (sigmoidi) che generano, in uscita, numeri reali compresi tra zero e uno. In generale, comunque, se la funzione di trasferimento non è un gradino, l'uscita è una funzione reale nota del valore di s, la somma pesata degli ingressi.

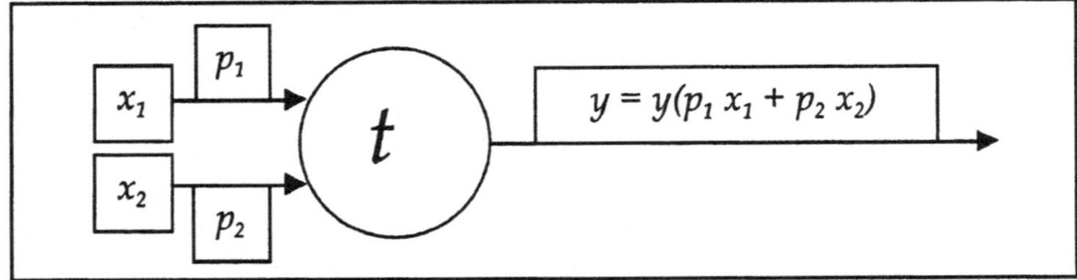

Fig. 5.1. Ogni ingresso (x_i) viene moltiplicato per un peso (p_i). L'uscita è una funzione della somma pesata degli ingressi, chiamata funzione di trasferimento. Per il neurone artificiale di McCulloch e Pitts, la funzione di trasferimento è un gradino centrato sul valore di soglia (t). Se la somma pesata degli ingressi e inferiore a t, l'unità logica trasferisce uno zero sul canale di uscita. Altrimenti all'uscita è assegnato il valore uno. Il neurone di McCulloch e Pitts è dunque un classificatore lineare. Le reti neurali odierne utilizzano funzioni di trasferimento che hanno la forma di un gradino smussato (sigmoidi). In tal caso l'output è un numero reale compreso tra zero e uno.

classificati, una volta valutata la loro combinazione lineare, come appartenenti a una classe se l'output è posto a uno e a un'altra se l'output è posto a zero.

Pensiamo a un neurone artificiale molto semplice, costituito da due ingressi e un'uscita. L'equazione che definisce il comportamento di questo neurone è quella di una retta[41]. Assumiamo ora che sia gli ingressi che le uscite possano assumere solo valori binari. Il neurone di McCulloch e Pitts può realizzare, scegliendo opportunamente i valori dei pesi e della soglia, solo le funzioni logiche linearmente separabili. Questo significa che uno solo non può essere utilizzato per generare *tutte* le funzioni logiche. Per alcune ci vogliono due strati di neuroni di McCulloch e Pitts. Si tratta, all'apparenza, di un grave limite e, infatti, nel 1969 M.L. Minsky e S.A. Papert evidenziarono questa carenza nel loro celebre lavoro "Perceptrons": essi sottoposero a una serrata critica le reti neurali proprio perché le unità che le costituiscono non possono realizzare tutte le possibili funzioni logiche ele-

[41] Se utilizziamo gli stessi simboli delle due note precedenti, la somma pesata s è uguale al valore della soglia se e solo se $p_1x_1 + p_2x_2 - t = 0$. Per assegnati valori di p_1, p_2 e t questa è l'equazione di una retta nel piano cartesiano x_1, x_2. La retta in questione divide il piano in due regioni. Se la coppia di ingressi x_1, x_2 appartiene a una regione allora l'output è posto a uno. Altrimenti a zero. In questo senso il neurone artificiale di McCulloch e Pitts realizza un classificatore lineare.

mentari. Per alcuni anni le ricerche in questo campo furono scoraggiate e subirono una battuta d'arresto. Oggi sappiamo che le possibilità di miglioramento, in realtà, erano a portata di mano: ma, prima di approfondire, è opportuno introdurre un po' di logica classica.

È noto a tutti come il linguaggio comune sia inesatto. Si consideri la seguente proposizione: "un pianista è un musicista" e la si confronti con la frase "un pianista ha ottenuto un prolungato applauso". La prima proposizione asserisce che tutti i pianisti sono musicisti, mentre la seconda si riferisce a un particolare pianista che, nel corso di una serata musicale, è stato molto apprezzato dal pubblico. Ma l'analisi grammaticale non ci aiuta certo a cogliere questa differenza: da un punto di vista strettamente grammaticale, infatti, "un pianista" è il soggetto di entrambe le proposizioni, nonostante sia chiaro che mentre nella prima potremmo sostituire "un" con "ogni", la medesima sostituzione nella seconda ne modificherebbe il significato implicando che tutti i pianisti, nel corso di quella serata, sono stati assai apprezzati dal pubblico. Consideriamo ora una terza proposizione: "un pianista ha composto la colonna sonora di questo film". In questo caso la sostituzione di "un" con "ogni" renderebbe la proposizione addirittura priva di senso.

Un importante settore dell'Intelligenza Artificiale si occupa di queste e di altre problematiche assai complesse relative all'interpretazione del linguaggio naturale: ma non è di questo che vogliamo occuparci qui. Ci premeva solo sottolineare l'importanza della logica allorché si desideri eliminare le ambiguità del linguaggio comune.

La logica classica si occupa di quelle proposizioni a cui possiamo assegnare un valore di verità: proposizioni cioè che sono vere oppure false. Affermando che "sette più due è uguale a quattro" dichiaro il falso. La proposizione "sette più due è uguale a nove" è, invece, vera. A ogni proposizione p conviene associare una funzione di verità $f(p)$. Adotteremo la convenzione di porre $f(p) = 0$ quando p è falsa, $f(p) = 1$ allorché p è vera. Una volta stabilito che è possibile assegnare un valore alla funzione di verità per ognuna tra le proposizioni di un dato insieme, il secondo passo consiste nel chiedersi quale sia il valore di verità di proposizioni ottenute mediante qualche tipo di combinazione tra le proposizioni elementari di quell'insieme. Ad esempio, sia p la proposizione "sette più due è uguale a quattro". Sia poi q l'asserzione "sette più due è uguale a nove". Ovviamente $f(p) = 0$ mentre $f(q) = 1$. Cosa possiamo dire della funzione di verità relativa alla proposizione composta (congiunzione) "*p e q*"? E del valore di verità della disgiunzione "*p o q*"? Nel caso esaminato è, ovviamente, *f(p e q) = 0* mentre *f(p o q) = 1*. Per i nostri scopi è opportuno introdurre qui anche il cosiddetto *o esclusivo*, corrispondente all'*aut-aut* latino: la proposizione composta è vera se è vera una oppure l'altra delle proposizioni costituenti. Se le due proposizioni elementari sono entrambe vere o entrambe false, invece, la loro combinazione mediante l'o esclusivo è falsa. Nel seguito utilizzeremo la simbologia più comune, indicando con AND, OR e XOR le funzioni logiche corrispondenti, rispettivamente, alla congiunzione, alla disgiunzione e all'o esclusivo. Esistono anche altre funzioni logiche oltre a AND, OR e XOR. Per i nostri scopi attuali è sufficiente che consideriamo solo queste. I valori della funzione di verità per le combinazioni di proposizioni corrispondenti alla congiunzione, alla disgiunzione e all'o esclusivo si possono riunire nella tabella seguente:

p	*q*	*p AND q*	*p OR q*	*p XOR q*
0	0	0	0	0
0	1	0	1	1
1	0	0	1	1
1	1	1	1	0

Richiamiamo qui l'attenzione sul fatto che non tutte le funzioni logiche sono linearmente separabili. Mentre le funzioni logiche AND e OR lo sono, lo stesso non si può dire, ad esempio, della funzione XOR. Se pensiamo a un neurone di McCulloch e Pitts come a una unità con due ingressi e una uscita, è facile vedere che esso può realizzare, ad esempio, le funzioni AND e OR, ma non può realizzare la funzione XOR. Per convincerci costruiamo un piano cartesiano e segnamo sull'asse delle ascisse i valori di verità di *p* e su quello delle ordinate i valori di verità di *q*. In corrispondenza di ogni coppia di ingressi, segnamo sul piano il valore dell'uscita della funzione logica che desideriamo realizzare. Per la funzione AND e per la funzione OR esistono rette che separano la regione del piano identificata da valori delle coppie di ingressi corrispondenti a un output uguale a uno da quella individuata da valori delle coppie di ingressi che danno zero come output (Fig. 5.2 e 5.3). Scegliendo i pesi delle connessioni e il

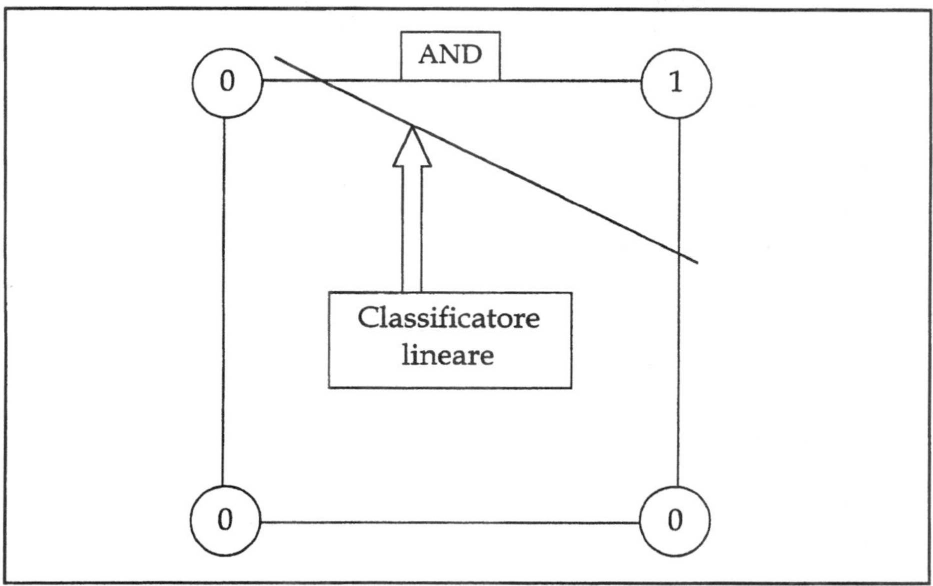

Fig. 5.2. La tavola di verità della funzione logica AND permette di separare le uscite mediante una retta. Il neurone di McCulloch e Pitts è un classificatore lineare. Perciò la funzione logica AND può essere realizzata da un neurone di McCulloch e Pitts. (Nota che abbiamo adottato la convenzione che fa corrispondere lo 0 al falso e l'1 al vero).

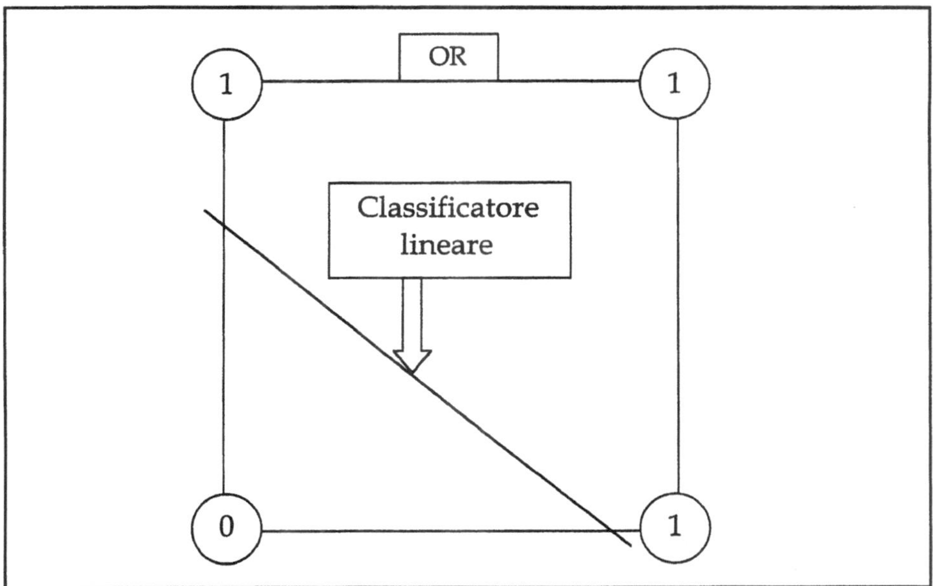

Fig. 5.3. Anche la tavola di verità della funzione logica OR permette di separare le uscite mediante una retta. Perciò anch'essa può essere realizzata da un neurone di McCulloch e Pitts.

valore della soglia in modo da ottenere i coefficienti di una qualunque di queste rette, il neurone artificiale realizzerà la funzione logica corrispondente.

La funzione logica XOR vale uno quando gli input sono differenti, zero quando sono uguali. Non esiste alcuna retta che separi il piano in due regioni l'una contenente solo le coppie di ingresso corrispondenti a un'uscita uguale a uno, l'altra contenente solo quelle la cui uscita e pari a zero (Fig. 5.4). Pertanto la funzione logica XOR non è linearmente separabile e, poiché il neurone di McCulloch e Pitts è un classificatore lineare, non esiste alcun insieme dei valori di pesi e soglia che gli consenta di realizzare la funzione logica XOR.

È assai facile mostrare come si possa costruire la funzione logica XOR utilizzando una piccola rete di neuroni di McCulloch e Pitts, con valori opportuni di pesi e soglie: si verifichi il funzionamento di quella rappresentata nella figura 5.5. Risulta necessario tuttavia che la rete contenga uno strato di *neuroni nascosti*. Con questo si intende che essa deve possedere uno strato di neuroni che non siano in contatto diretto né con i dati in ingresso né con quelli in uscita.

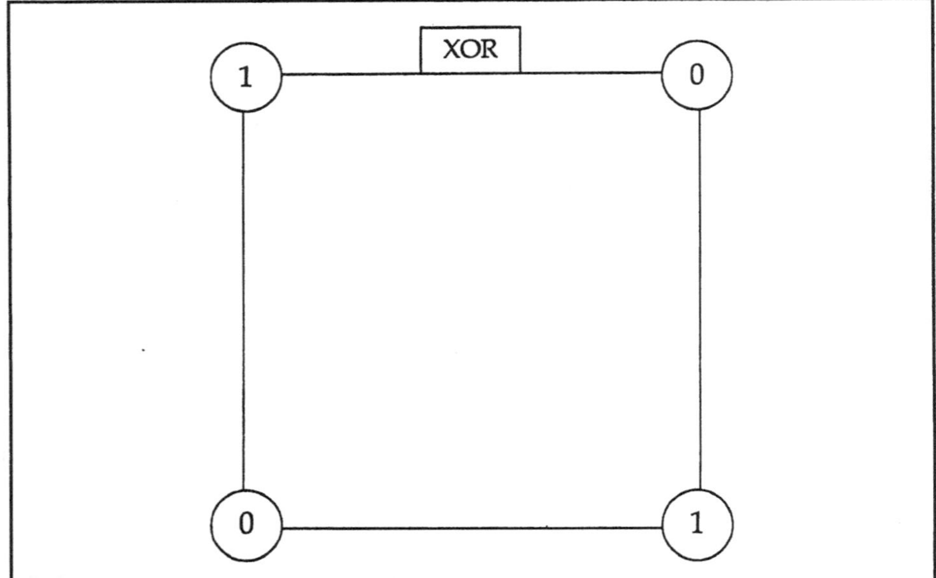

Fig. 5.4. La tavola di verità della funzione logica XOR non permette di separare le uscite mediante una retta. Perciò la funzione logica XOR non può essere realizzata da un neurone di McCulloch e Pitts.

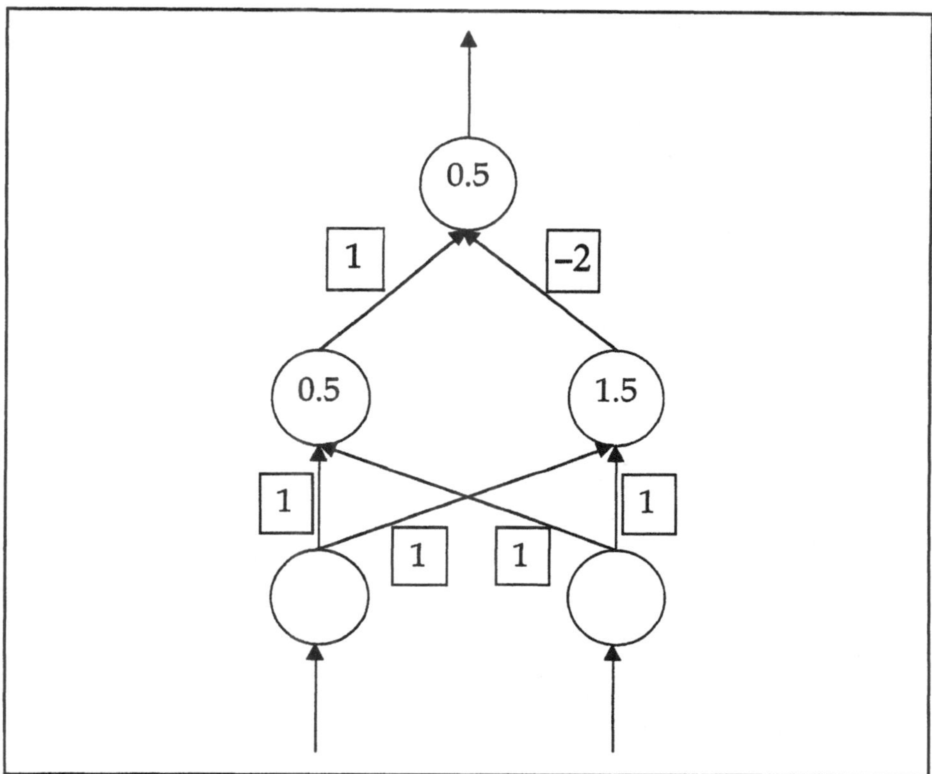

Fig. 5.5. La funzione logica XOR realizzata mediante una rete di neuroni artificiali di McCulloch e Pitts costituita da tre strati. I neuroni del primo strato sono privi di soglia. È necessario uno strato di neuroni nascosti.

Reti di neuroni multistrato

Una rete di neuroni artificiali di McCulloch e Pitts o, più tipicamente, delle loro generalizzazioni corrispondenti a funzioni di trasferimento a forma di sigmoide, può apprendere dall'esperienza se consentiamo che i pesi delle connessioni (o i valori di soglia, o anche, sia i pesi che le soglie) possano essere modificati, sulla base dei dati di esperienza, con l'obiettivo di riuscire a generare, dopo aver concluso un periodo più o meno lungo di apprendimento, le risposte desiderate a date sollecitazioni. In altre parole, se immaginiamo di costruire una rete di neuroni artificiali, possiamo pensare di assegnare inizialmente ai pesi delle varie connessioni valori qualunque: ad esempio scegliendoli utilizzando un generatore di numeri pseudocasuali.

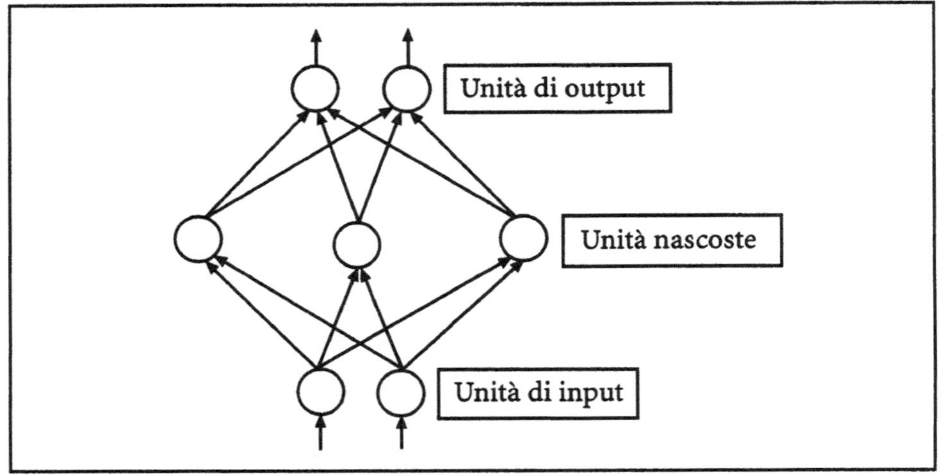

Fig. 5.6. Un esempio di rete neurale multistrato. Le unità nascoste permettono alla rete di calcolare funzioni non linearmente separabili come la funzione logica XOR.

Consentiremo quindi alla rete di modificare i pesi con la finalità di raggiungere un insieme di valori tali da produrre le risposte desiderate alle sollecitazioni esterne.

Nella loro configurazione più semplice le reti artificiali sono costituite da strati di neuroni (Fig. 5.6). Uno strato di neuroni comunica con lo strato successivo e non ci sono collegamenti tra i neuroni dello stesso strato. Le reti più moderne contengono almeno tre strati, uno strato di ingresso, uno di uscita e uno strato interno di neuroni nascosti. Un compito tipico che può venire loro assegnato è quello della classificazione delle configurazioni di dati inviati sugli ingressi dello strato inferiore. Configurazioni che, per fissare le idee, potrebbero rappresentare delle immagini[42]. Per la classificazione più semplice, vale a dire quella che assegna le varie configurazioni in ingresso a una o all'altra di due sole classi, sarà sufficiente che lo strato di uscita sia costituito da un solo neurone. Sono volatili o acquatici gli animali rappresentati dalle costellazioni di pixel assegnate agli ingressi dei neuroni dello strato di input? I volti rappresentati sui canali

[42] Immaginiamo una figura in bianco e nero. Possiamo rappresentarla come una matrice di piccoli quadratini che chiamiamo pixel: i pixel saranno neri se il valore del dato corrispondente è zero, bianchi se è uno.

dello strato d'ingresso sono femminili o maschili? L'appartenenza a una delle due classi verrà segnalata dal valore dell'uscita dell'unico neurone che costituisce lo "strato" di output. Come già sappiamo, uno strato intermedio di neuroni è necessario per garantire che la rete possa anche effettuare discriminazioni non lineari.

L'istruttore fornirà, durante la fase di apprendimento, l'insieme delle risposte attese alle varie sollecitazioni, permettendo alla rete di modificare progressivamente i pesi delle connessioni con l'obiettivo di avvicinarsi alle risposte desiderate. La rete adeguerà i pesi secondo qualche specifico algoritmo in modo da ridurre il più possibile la distanza – misurata, ad esempio, come scarto quadratico medio – tra la risposta reale e quella assegnata dall'istruttore[43]. Non è necessario qui esaminare i dettagli del meccanismo di aggiornamento dei pesi: è tuttavia interessante osservare come due reti di neuroni artificiali, partendo da due insiemi differenti di pesi casuali, dopo un certo numero di cicli di apprendimento saranno in grado entrambe, generalmente, di effettuare le associazioni corrette, vale a dire di rispondere alle configurazioni di ingresso come ci si aspetta che, almeno approssimativamente, debbano rispondere. Ma le configurazioni dei pesi che esse avranno determinato autonomamente sulla base delle esperienze da loro fatte durante l'apprendimento saranno, tipicamente, differenti. Le rappresentazioni interne di due reti che condividono la medesima conoscenza saranno dunque, in generale, diverse.

Queste osservazioni mi sembrano assai importanti: innanzitutto perché anche per le reti neurali assistiamo a un passaggio dal caso (la distribuzione casuale della costellazione dei pesi iniziali) alla complessità organizzata (la configurazione finale dei pesi ottenuta grazie

---

43 Il meccanismo noto come *back-propagation* o retropropagazione dell'errore consiste nel calcolo delle derivate rispetto ai pesi della somma dei quadrati degli scarti tra uscite effettive e uscite attese. Mentre per le unità di uscita l'errore può essere calcolato direttamente, per quelle nascoste la derivata dipende dai valori relativi agli strati successivi. Perciò il calcolo dell'errore sulle unità nascoste si effettua propagando all'indietro la stima degli errori delle unità di uscita. L'operazione viene ripetuta fino al raggiungimento del livello di apprendimento desiderato. Una questione cruciale è rappresentata dalla scelta del "passo" di variazione dei pesi, esattamente come è assai importante la scelta del "passo" di integrazione nella risoluzione numerica delle equazioni differenziali. Se è troppo piccolo la rete impiega tempi assai lunghi per convergere. Se è troppo grande si possono introdurre instabilità e ampie oscillazioni che impediscono l'apprendimento.

al flusso di informazioni alle quali la rete ha avuto accesso durante il suo addestramento). Ma il fatto che reti diverse, in termini di configurazione finale dei pesi delle connessioni, conducano a risultati simili è anche una manifestazione della loro individualità e dovrebbe essere motivo di ulteriore riflessione, se non altro perché richiama i meccanismi dell'apprendimento e della comprensione umani: le differenti esperienze forgiano le nostre conoscenze, talora assai simili tra loro, ma associate a rappresentazioni interne soggettive, differenti cioè da individuo a individuo. Su questo punto Edoardo Boncinelli è molto esplicito quando riferisce che "un numero enorme di contatti sinaptici si presenterà effettivamente un po' diverso da individuo a individuo. Il fatto poi che il cervello di ciascuno di noi sia in certa misura diverso da quello di chiunque altro fa sì che a volte persone diverse adottino anche strategie mentali diverse per risolvere lo stesso compito. [...] Con la PET si è osservato infatti che a volte due individui utilizzano in prevalenza zone corticali diverse per risolvere lo stesso compito. Dovendo memorizzare per esempio una lista di parole si è visto che alcuni individui utilizzano preferenzialmente le aree corticali del linguaggio, mentre altri utilizzano preferenzialmente le aree visive". Naturalmente le analogie non devono incoraggiarci a trarre affrettate e semplicistiche conclusioni: come Boncinelli ha precisato non c'è niente nel cervello umano che, per quanto se ne sa, somigli anche solo vagamente al meccanismo di addestramento delle reti artificiali che va oggi per la maggiore, vale a dire quello della retropropagazione degli errori. Le reti neurali artificiali che utilizzano questo meccanismo sono state pensate per soddisfare esigenze tecnologiche e le vaghe analogie con i sistemi biologici si limitano alle unità logiche che simulano, molto approssimativamente e in forma stilizzata, il funzionamento del neurone.

Chiarito questo punto, sembra comunque opportuno cogliere l'occasione dello studio delle reti neurali artificiali per soffermarci brevemente a indagare attorno ad altre analogie con i meccanismi dell'apprendimento umano. Facendo riferimento al semplice discriminatore dei dati in due classi, ad esempio, c'è anche da osservare che (quando la funzione di trasferimento è una sigmoide), finita la fase di apprendimento, la rete risponderà a una configurazione di dati in ingresso assegnandola, un po' come accade talora a noi, a una delle due classi in modo approssimativo. L'unità di uscita non assumerà mai esattamente il valore zero o il valore uno ma, piuttosto, un valore prossimo a zero o prossimo a uno. Anche le classificazioni umane non sono rigide ma, spesso, hanno contorni sfumati.

Infine possiamo aggiungere che se alla rete sarà presentata una configurazione mai vista prima, vale a dire non appartenente all'insieme delle configurazioni utilizzate per l'addestramento, essa sarà in grado, generalmente (anche se non sempre), di assegnarla alla classe corretta. Potrà effettuare generalizzazioni ed estrapolazioni. Se la costellazione dei dati di ingresso è una configurazione di pixel corrispondenti a un paesaggio, ad esempio, e la rete ha imparato a distinguere i paesaggi montani da quelli metropolitani, dopo l'addestramento sarà in grado di classificare anche paesaggi montani e metropolitani rappresentati da immagini parziali, confuse o mai viste prima. Come noi, qualche volta potrà sbagliare. È presumibile inoltre che risponderebbe con un punto di domanda (vale a dire con un valore dell'uscita prossimo a 0,5) se, dopo essere stata addestrata a distinguere montagne da città, le presentassimo una spiaggia o il viso di un bambino.

Reti di Hopfield

Un altro tipo di rete neurale assai citato nella letteratura scientifica si deve principalmente a J.J. Hopfield. Ci sono molte ragioni che giustificano il successo e l'interesse suscitato dalle reti di Hopfield, non ultima quella che le mette in relazione con alcune problematiche tipiche della meccanica statistica.

Consideriamo un sistema magnetico. Un tale sistema può essere schematizzato come un reticolo regolare di magneti atomici. Ci limiteremo qui al caso più semplice che permetterà di fissare le idee sull'argomento. In ogni istante di tempo, ogni sito reticolare è caratterizzato da una variabile di spin che può assumere uno tra due valori permessi: lo spin può essere diretto verso il basso (−1) oppure verso l'alto (+1). Il campo magnetico locale, vale a dire quello che si realizza in prossimità di ogni dato sito reticolare, è uguale alla somma dell'eventuale campo magnetico esterno e di quello interno. Quest'ultimo dipende dal contributo di tutti gli altri spin del reticolo. Se la temperatura non è elevata, ogni spin tenderà ad allinearsi secondo la direzione del campo locale; il quale dipende dallo stato di tutti gli spin. Lo studio della dinamica di un sistema di spin sembra perciò piuttosto complicato. Per stabilire lo stato degli spin (su oppure giù) nei vari siti reticolari dovremmo conoscere i valori dei campi locali. Ma per stabilire quei valori dovremmo essere a conoscenza degli stati degli spin del reticolo. La soluzione si trova considerando l'energia potenziale del sistema.

Il sistema è infatti caratterizzato da una funzione energia potenziale che tiene conto di tutte le interazioni tra gli spin. Gli spin evolveranno rispettando una regola fondamentale: evitando cioè che l'energia potenziale possa crescere. In altri termini, per qualunque configurazione iniziale degli spin, i loro stati evolveranno nel tempo influenzandosi reciprocamente: ma il rispetto della regola che impone all'energia potenziale di non crescere indurrà il sistema a convergere verso il più vicino dei minimi locali della funzione energia potenziale. In prossimità dei minimi locali ci sono dei veri e propri *bacini di attrazione*: il sistema di spin tende a convergere verso il più prossimo tra essi.

Finora abbiamo trascurato gli effetti della temperatura, perché avevamo assunto che fosse bassa. Ma in presenza di temperature elevate le fluttuazioni termiche tenderanno ad annullare la propensione che ogni spin ha di allinearsi con il campo locale. Per temperature molto alte, le fluttuazioni termiche assumeranno il controllo della situazione: in quelle condizioni ogni spin si troverà altrettanto spesso allineato quanto disallineato rispetto al suo campo locale. Supponiamo, per semplicità, che non ci siano campi magnetici esterni. Quello a cui si assiste, variando la temperatura, è un curioso fenomeno: quello della temperatura critica. Se essa viene superata, si instaura nel sistema uno stato corrispondente al completo dominio delle fluttuazioni termiche. Gli spin fluttuano cioè in continuazione e senza alcuna relazione con i loro campi magnetici locali. Quando la temperatura viene abbassata al di sotto di quella critica assistiamo invece all'improvviso allineamento degli spin con i loro campi locali.

Siamo ora in grado di introdurre le reti di Hopfield. Una rete di Hopfield è una collezione di neuroni artificiali con connessioni pesate e simmetriche. Più precisamente, ogni neurone della rete di Hopfield è caratterizzato da un valore di soglia uguale a zero e può trovarsi in uno tra due stati possibili (come gli spin del reticolo magnetico). Ogni coppia di neuroni è connessa con pesi simmetrici: l'intensità delle connessioni, cioè i valori dei pesi tra ogni coppia di neuroni, corrisponde all'interazione magnetica tra spin. In ogni istante ogni neurone calcola la somma pesata di tutti i suoi ingressi: si tratta dell'equivalente del campo magnetico locale. I vari neuroni si interrogano in maniera asincrona e riaggiustano il loro stato a seconda che la somma pesata dei loro ingressi sia maggiore o minore di zero (il valore di soglia). Proprio come un sistema magnetico, la rete di Hopfield evolve necessariamente verso uno dei suoi bacini di attrazione, vale a dire il più vicino dei suoi stati stabili corrispondenti ai minimi dell'energia potenziale del sistema di spin. Per ogni data rete di Hopfield, in sostanza, esistono alcune configurazioni stabili degli stati che possono essere considerate le memorie della rete. Ogni rete di Hopfield è caratterizzata da un insieme di stati stabili, o bacini di attrazione. Essa converge rapidamente nello stato memorizzato ogni volta che viene impostata su uno stato a esso vicino. Se, per fissare le idee, pensiamo agli stati memorizzati come a immagini in bianco e nero (se il neurone è nello stato –1 il pixel corrispondente è bianco, altrimenti è nero) la rete può essere utilizzata, scegliendo opportunamente i pesi simmetrici delle connessioni, per immagazzinare nella sua memoria un certo numero di immagini. Ognuna di queste immagini e recuperabile a partire da una sua versione parziale o a essa somigliante [44]: un po' come nel modello di Hebb degli assembramenti neurali, abbiamo a che fare con una memoria indirizzabile per contenuto.

Le reti di Hopfield presentano alcuni problemi. Il primo riguarda il numero di stati stabili: rispetto al numero di neuroni e connessioni coinvolti, la quantità di stati stabili della rete risulta piuttosto bassa. Il secondo problema, assai più grave, è quello dei cosiddetti falsi minimi. Un falso minimo è uno stato stabile non desiderato. La presenza di falsi minimi ha come conseguenza falsi ricordi. Per eliminare i falsi ricordi Hinton e collaboratori hanno generalizzato la rete di Hopfield introducendo una "temperatura" che, inducendo nel sistema "fluttuazioni termiche", gli consentisse di uscire da un dato minimo locale per convergere in un altro. Questo tipo di rete neurale permette, introducendo fluttuazioni o *rumore*, di eliminare alcuni tra i falsi ricordi. Per farlo occorre mantenere il parametro corrispondente alla temperatura su valori superiori a quello della temperatura critica del falso minimo che si desidera eliminare. Naturalmente è necessaria una soluzione di compromesso: la temperatura non deve superare quella

---

[44] In questo contesto la parola "somigliante" ha un ben preciso significato: si intende che la configurazione è prossima a quella stabile. Si trova cioè nel bacino di attrazione dello stato stabile corrispondente all'immagine memorizzata.

critica degli stati stabili desiderati. Ci imbattiamo ancora una volta nella curiosa circostanza di dover stabilire un giusto equilibrio tra ordine e fluttuazioni casuali. La rete di Hinton e collaboratori funziona al meglio quando le fluttuazioni termiche non sono dominanti (perché in quel caso non sarebbe in grado di ricordare nulla) ma neanche completamente assenti (per evitare falsi ricordi).

Menti senza corpo

Il poeta Melèto, 399 anni prima della nascita di Cristo, formulò e affisse al *portico del re* l'accusa di corruzione della gioventù ed empietà nei confronti di Socrate. L'accusa fu sostenuta anche dal politico Ànito e all'oratore Licòne ed ebbe come conseguenza la condanna a morte del filosofo. La vera ragione della condanna va probabilmente ricercata nella presunta simpatia di Socrate per il partito aristocratico. Molti allievi di Socrate vi appartenevano.

Ma, va aggiunto, Socrate si era fatto numerosi nemici proprio tra poeti, politici e rètori: rappresentati, rispettivamente, dai tre accusatori Melèto, Ànito e Licòne. Vale a dire tra coloro ai quali aveva dedicato numerose e pungenti critiche. Presunti sapienti, costoro, che non potevano certo accettare di buon grado l'ironia delle sue argute argomentazioni.

Nella sua difesa davanti al popolo di Atene – così come è stata tramandata dal suo principale allievo, Platone, nell'*Apologia* – Socrate ricordò che una volta il suo amico Cherefonte interrogò l'oracolo di Delfo chiedendogli se vi fosse qualcuno più saggio del filosofo. Fu così che la Pitia dichiarò che nessuno era più sapiente di Socrate. Il grande pensatore si interrogò a lungo sul significato delle parole dell'oracolo. Egli non si considerava affatto un sapiente e decise pertanto di dimostrarlo: "Mi recai infatti presso uno di quelli che passavano per sapienti, sicuro di smentire l'oracolo e dimostrare così che quello era più sapiente di me. Esaminai pertanto a fondo il mio personaggio [...]: mi parve che quest'uomo apparisse sapiente a molti, e soprattutto a se stesso, ma che in realtà non lo fosse affatto; e cercai anche di dimostrarglielo. Naturalmente venni in odio a lui e a molti altri che erano con lui presenti".

A questo punto Socrate si chiese in cosa egli fosse differente da quei presunti sapienti. E trovò in tal modo il senso dell'oracolo: "Mentre mi allontanavo pensavo così fra me: "Sono io più sapiente di costui giacché nessuno di noi due sa nulla di buono; ma costui crede di sapere mentre non sa; io almeno non so, ma non credo di sapere. Ed è proprio per questa piccola differenza che io sembro essere più sapiente, perché non credo di sapere quello che non so".

Sapere di non sapere. La più nobile tra le attività umane diventò da allora, grazie al grande filosofo, quell'incessante ricerca che ha consentito una progressiva e sempre crescente comprensione del mondo. Un mondo percepito come esterno alla mente, la quale deve aspirare a trasferire al suo interno la conoscenza della realtà. Con la nascita della scienza moderna poi, la realtà esterna divenne oggetto di investigazione e di sperimentazione. I risultati raggiunti grazie a quel programma, che discende direttamente dalla tradizione concettuale avviata da Socrate, sono sotto gli occhi di noi tutti.

Con Socrate, attraverso Platone, Descartes e Leibniz hanno avuto origine e si sono sviluppati un metodo e un'impostazione che, dichiara Giuseppe O. Longo, hanno "assunto l'esistenza di regole universali *a priori* per le attività pratiche e cognitive di ogni individuo. Tali regole sono concepite come parzialmente innate e contenute nei geni e nel cervello, e parzialmente debbono essere scoperte nella realtà fisica per mezzo della scienza". Longo fa poi discendere da questa tradizione filosofica i principi ispiratori dell'IA forte la quale ha ignorato tutti gli aspetti storici dell'intelligenza naturale. Ma l'IA forte ha presto incontrato i suoi limiti. Se, infatti, "era relativamente facile implementare sistemi capaci di dimostrare teoremi in logica e in geometria [...], la costruzione di un sistema in grado di riconoscere configurazioni complicate o di capire storie e rispondere a domande attorno a esse si rivelò di estrema difficoltà".

Allorché Penrose si chiede che cosa ci sia "di così speciale nei sistemi biologici a parte forse il modo 'storico' con cui si sono evoluti" intende formulare una domanda provocatoria. Riteniamo sia invece opportuno indagare proprio questo aspetto della questione. Secondo Giuseppe O. Longo, i limiti dell'IA forte sono individuabili proprio nel tentativo di costruire una *mente senza corpo*, sopprimendo cioè le interazioni con l'ambiente. Quest'ultimo è stato ignorato, considerandolo talora come una sorgente di rumore.

L'importanza dell'ambiente e dello stretto legame tra esso e l'evoluzione storica della vita e dell'intelligenza naturale è anche stata enfatizzata da Valentino Braitenberg quando ha annotato: "In un certo senso un organismo è la risposta che la materia vivente fornisce a una delle configurazioni accidentali che si determinano dove l'ordine fisico lascia un po' di margine al caso. Se vediamo la struttura di un organismo come informazione, possiamo dire: la sorgente dell'informazione è la configurazione della nicchia corrispondente. Gli organismi sono immagini parziali dell'ambiente [...]. È vero anche il contrario: una nicchia biologica è definita dall'esistenza di un organismo che vive in essa".

L'ambiente, l'evoluzione e il corpo sono elementi essenziali all'intelligenza naturale e alla mente. Non è possibile ignorare le connessioni che, nel corso della storia evolutiva, hanno legato il cervello al corpo e quest'ultimo all'ambiente. Queste interazioni hanno arricchito i flussi di informazione provenienti dall'ambiente con sempre più raffinate *interpretazioni* che li hanno tramutati in autentica conoscenza.

6 Per concludere

Il senso di meraviglia suscitato dalla contemplazione della natura genera reazioni differenti: dall'ammirazione commossa per la molteplicità e la varietà delle sue forme, espressa nella letteratura e nella poesia, allo stupore attonito dei filosofi al cospetto delle domande più fondamentali, fino all'insaziabile curiosità dell'indagine scientifica. Nessuno di questi atteggiamenti va considerato come superiore o più rilevante degli altri: ogni comportamento umano merita rispetto e attenzione. Intuizioni poetiche e domande filosofiche hanno di certo motivato gli scienziati più creativi e, d'altronde, la filosofia e il pensiero si sono nutriti – e non potrebbe essere altrimenti – dei risultati dell'indagine scientifica del mondo. Crediamo inoltre che nessuna curiosità nei confronti della natura – sia di carattere strettamente scientifico che di sapore metafisico – possa scaturire da spiriti che non siano animati da un amore profondo per la poesia che governa l'universo. Non esistono scienziati sordi alla musica del creato né riusciamo a immaginare filosofi ciechi alla bellezza del cosmo. L'interesse per la natura e per l'uomo non è patrimonio di animi aridi.

Albert Einstein trascorse gli ultimi tre decenni della sua esistenza su questa terra alla ricerca di una risposta. Egli, forse il più grande tra gli uomini di scienza mai vissuti, desiderava realizzare una teoria unificata di campo. Intendeva fornire una spiegazione del funzionamento dell'universo che ne evidenziasse, nella forma più limpida e cristallina (quella espressa nel linguaggio della matematica e della geometria) la maestosa eleganza. Era, il suo, il sogno di uno scienziato, quello di un filosofo o, piuttosto, di un poeta? La risposta è semplice:

era, simultaneamente, il sogno di uno scienziato, di un filosofo e di un poeta. Non so se oggi egli lo considererebbe realizzato: va detto che la teoria delle superstringhe, a giudizio di molti fisici, rappresenta quel quadro coerente che potrebbe essere a fondamento della descrizione, almeno in linea di principio, di tutti i fenomeni naturali.

La fisica può certo considerarsi come la scienza naturale più esatta, la più profonda, la più basilare. Dall'estrema purezza delle sue equazioni traggono origine molte delle più persuasive e ben argomentate descrizioni dell'universo, della bellezza del cosmo e della complessità del mondo; ma esistono fenomeni che la fisica, da sola, non sa descrivere. Non pensiamo ci sia al mondo alcun serio ricercatore convinto di poter *veramente* ricondurre alla teoria delle superstringhe processi come quello della coscienza e dell'autoconsapevolezza. Anche chi sostiene il riduzionismo più stretto non si sogna certo di cimentarsi nel programma di riduzione della psicologia alla fisica nucleare e subnucleare.

Di riduzionismo ed emergenza abbiamo discusso nella speranza non tanto di fare chiarezza o mettere la parola fine su questioni sulle quali illustri filosofi e scienziati hanno espresso i pareri più diversi e sovente contrapposti, quanto di inquadrare gli argomenti del testo in una cornice il più possibile chiara e coerente: non esiste unanimità di vedute sulla possibilità di ridurre la complessità di fenomeni quali l'intelligenza, la coscienza, il pensiero astratto e l'organizzazione delle società umane alle leggi fondamentali che descrivono le interazioni tra le particelle elementari; è tuttavia chiaro che, qualora anche corrispondesse al vero che l'uomo non è che un aggregato di molecole soggette a leggi fisiche, si può asserire con ragionevole certezza che tali leggi oggi non sono affatto note e sono ben lontane dal divenirlo. Inoltre, se è vero che, per molti aspetti, gli esseri viventi soggiacciono alle leggi oggi note della fisica, la spiegazione ultima della vita e dell'intelligenza non può non tener nel debito conto i concetti di informazione e di complessità. Ha annotato Valentino Braitenberg che "la struttura di un essere vivente può essere letta come l'insieme delle informazioni che servono per sopravvivere in una particolare nicchia di questa terra: il mondo degli animali e delle piante è un gran traffico di segnali e di messaggi, dai colori dei fiori al canto degli uccelli, all'arte alla letteratura. L'uomo si eleva al di sopra delle bestie grazie al linguaggio che gli è proprio. La storia del mondo rappresenta l'evoluzione di un complesso sistema di scambi di informazione; la scrittura, scolpita nella pietra o codificata nell'elettronica di un calcolatore, ne conserva le tracce".

Ci siamo occupati di informazione e di complessità cercando di evidenziare di volta in volta le esemplificazioni più interessanti di questi concetti: dai meccanismi della vita a quelli dell'intelligenza e dell'autoconsapevolezza fino ai processi che soggiacciono all'instaurarsi delle emozioni. Non sempre, abbiamo visto, esistono spiegazioni sicure e da tutti accettate dei fenomeni che hanno a che fare con la mente e con i processi che ne governano il funzionamento: non c'è alcuna ragione per stupirsene. Né ci sono buoni motivi per sorprendersi nello scoprire quanto la descrizione dei meccanismi del pensiero, della memoria e del ragionamento sia colma di difficoltà concettuali. Difficoltà che, talora, richiedono un'interazione tra fisica e metafisica, tra scienza e filosofia.

È chiaro che non esiste oggi alcuna completa e soddisfacente teoria scientifica della mente e della coscienza. L'atteggiamento un po' altezzoso e rigido di certi ambienti non ci ha impedito di affrontare un tema tanto delicato utilizzando tutto quanto il pensiero umano ha faticosamente costruito: sia in ambito scientifico che filosofico. Nella speranza che il risultato dell'interazione tra scienza e filosofia sia proficuo abbiamo scelto di svolgere la funzione di cronisti, di testimoni: il più possibile attenti a non sconfinare in territori sconosciuti per non perdere di vista il tragitto prefissato ma, anche, senza pregiudizi nei confronti di alcuna buona idea, sia essa definita scientifica o metafisica.

L'uomo rappresenta, a giudizio di molti, il culmine del processo evolutivo; altri hanno immaginato che in un futuro più o meno remoto l'intelligenza dei computer (ammessa e non concessa) possa superare quella umana: non desideriamo esprimere alcun giudizio in proposito, preferendo un atteggiamento pragmatico. L'informatica è una scienza assai importante: le sue tecnologie hanno fornito strumenti utili e hanno facilitato l'esistenza di molti di noi. Questi risultati sono stati ottenuti a prescindere dalla possibilità concreta di realizzare macchine più intelligenti di noi. Qualora le macchine intelligenti dovessero rimaner confinate all'interno dei sogni degli autori di fantascienza, va riconosciuto che la semplice idea di poterle realizzare ha comunque fornito uno stimolo assai importante ed efficace per il progresso delle scienze informatiche.

Abbiamo presentato il parere di studiosi che hanno evidenziato l'esistenza di difficoltà oggettive nella realizzazione di macchine veramente intelligenti: secondo il loro parere, e anche a giudizio di chi scrive, è assai improbabile la realizzazione di menti senza corpo, di dispositivi artificiali che manifestino un'intelligenza analoga alla nostra in assenza dell'ausilio dell'enorme flusso di informazioni che, nel corso di miliardi di anni, ha finemente modellato la natura producendo, tra l'altro, l'uomo ed il suo ambiente. Non è possibile per l'uomo riprodurre quanto è stato forgiato da miliardi di anni di elaborazione di informazioni: come ha osservato il teologo e fisico Gerald L. Schroeder, i sei giorni della Genesi, dalla creazione dello spazio e del tempo sino a quella di Adamo, equivalgono per noi uomini a circa quindici miliardi di anni, dal Big Bang allo sviluppo dell'umanità.

Durante questa lunga storia, innumerevoli sono state le direzioni esplorate dalla natura: una cosmica quantità di entropia è stata prodotta per arrivare alla vita e alla mente che conosciamo. Non si può escludere che l'intelligenza dell'uomo possa essere superata e ulteriormente affinata: ma, se questo accadrà, avrà assai probabilmente un'origine naturale e scaturirà dai normali processi evolutivi.

Nel frattempo non possiamo esimerci dallo studiare l'intelligenza dell'uomo attuale e, perché no, dal cercare di riprodurne artificialmente almeno qualche frammento. Né possiamo impedirci di contemplare, con sconfinata ammirazione, l'intelligenza della vita che, dal caos, ha saputo generare l'uomo.

Letture consigliate

Abeles M (1991) Local cortical circuits. An electrophysiological study. Cambridge University Press, Cambridge
Acheson D (1997) From calculus to chaos. An introduction to dynamics. Oxford University Press, Oxford
Anderson PW (1972) More is different. Science, volume 177, 1972, 393.
Bianucci P (1991) Piccolo, Grande, Vivo. Storie di quark e di galassie, di uomini e di altri animali. Editrice La Stampa, Torino
Bianucci P (1997) Nati dalle stelle. Simonelli Editore, Milano
Boncinelli E (1998) I nostri geni. La natura biologica dell'uomo e le frontiere della ricerca. Einaudi, Torino
Boncinelli E (1999) Il cervello, la mente e l'anima. Le straordinarie scoperte sull'intelligenza umana. Mondadori, Milano
Boncinelli E (2000) Le forme della vita. L'evoluzione e l'origine dell'uomo. Einaudi, Torino
Boncinelli E, Galimberti U, Pace GM (2000) E ora? La dimensione umana e le sfide della scienza. Einaudi, Torino
Boncinelli E (2001) Prima lezione di biologia. Editori Laterza, Bari
Boncinelli E (2001) Genoma: il grande libro dell'uomo. Mondadori, Milano
Braitenberg V (1984) I veicoli pensanti. Garzanti, Milano
Braitenberg V (1996) Il gusto della lingua. Meccanismi cerebrali e strutture grammaticali. Alpha&Beta, Merano
Braitenberg V (in press) Remarks on the semantics of "information"
Bricmont J (1996) Science of chaos or chaos in science? In The Flight from Science and Reason. Annals of the New York Academy of Sciences, volume 775, 1996, 131
Burattini E, Cordeschi R (2001) L'intelligenza artificiale. Carocci Editore, Roma
Caianiello ER (1961) Outline of a theory of thought and thinking machines. Journal of Theoretical Biology, Vol. 1, 204
Carlucci Aiello L, Cialdea Mayer M (1985) Invito all'intelligenza artificiale. Franco Angeli, Milano
Castelfranchi Y, Stock O (2000) Macchine come noi. La scommessa dell'Intelligenza Artificiale. Editori Laterza, Roma-Bari
Comoglio PM (1993) La cellula. Biologia molecolare e dello sviluppo. UTET, Torino
Crick F, Koch C (1992) Il problema della coscienza. Le Scienze, n. 291, 126
Churchland PM, Churchland PS (1990) Può una macchina pensare? Le Scienze n. 259, 22.
Churchland PM (1998) Il motore della mente e la sede dell'anima. Il Saggiatore, Milano
Dalla Chiara ML, Toraldo di Francia G (1999) Introduzione alla filosofia della scienza. Editori Laterza, Bari
Dapor M (1998) L'orologio di Albert. Divagazioni sul tempo tra fisica e immaginario. Editrice La Stampa, Torino

Dapor M (1999) Sfere di cristallo. Riflessioni su caso e predizione. Editrice La Stampa, Torino

Davies P (1996) I misteri del tempo. L'universo dopo Einstein. Mondadori, Milano

Davies P (1998) Siamo soli? Laterza, Bari

Davies P (1998) Un solo universo o infiniti universi? Di Renzo, Roma

Davies P (2000) Da dove viene la vita. Il mistero dell'origine sulla Terra e in altri mondi. Mondadori, Milano

Dawkins R (1992) Il gene egoista. Mondadori, Milano

Dawkins R (2001) L'arcobaleno della vita. Il mistero dell'universo svelato dalla scienza. Mondadori, Milano

Dennett DC (1993) Coscienza: che cosa è. Rizzoli, Milano

Dennett DC (1997) La mente e le menti. Verso una comprensione della coscienza. Sansoni, Milano

Deutsch D (1997) La trama della realtà. Einaudi, Torino

Fischbach GD (1992) Mente e cervello. Le Scienze n. 291, 16.

Gell-Mann M (1996) Il quark e il giaguaro. Bollati Boringhieri, Torino

Giorello G e altri (1999) Introduzione alla filosofia della scienza. Bompiani, Milano

Goleman D (1997) Intelligenza emotiva. Rizzoli, Milano

Hansen EF (2000) Attimi di segretezza. Mondadori, Milano

Hebb DO (1949) The organization of behavior. A neuropsychological theory. Wiley, New York

Hinton GE (1992) L'apprendimento delle reti artificiali di neuroni. Le Scienze n. 291, 117

Hinton GE, Sejinowski TJ (1986) Parallel distributed processing. MIT Press, Cambridge, Vol. 1, Cap. 7

Hofstadter DR (1984) Gödel, Escher, Bach: un'eterna ghirlanda brillante. Adelphi, Milano

Hofstadter DR, Dennett DC (1985) L'io della mente. Adelphi, Milano

Horgan J (2001) La mente inviolata. Una sfida per la psicologia e le neuroscienze. Raffaello Cortina Editore, Milano

Hopfield JJ (1982) Neural networks and physical systems with emergent collective computational abilities. Proceedings of the National Academy of Sciences, Vol. 79, 2554

Hopfield JJ, Feinstein DI, Palmer RG (1983) 'Unlearning' has a stabilizing effect in collective memories. Nature, Vol. 304, 158

Hopfield, J.J., Tank, D.W (1986) Computing with neural circuits: A model. Science, Vol. 233, 625

Kandel ER, Hawkins RD (1992) Apprendimento e individualità: le basi biologiche. Le Scienze n. 291, 49

Kittel C, Kroemer H (1985) Termodinamica statistica Boringhieri, Torino

Koonin SE, Meredith DC (1990) Computational Physics. Addison-Wesley, Reading

Kraik KJ e coll. (1969) La fisica della mente, a cura di Vittorio Somenzi. Boringhieri, Torino

LeDoux J (1998) Il cervello emotivo. Baldini e Castoldi, Milano

Longo GO (1994) Teoria dell'informazione. Bollati Boringhieri, Torino

Longo GO Info & Intell, inc. (in press)

Mayr, E (1990) Storia del pensiero biologico. Diversità, evoluzione, eredità. Bollati Boringhieri, Torino

McCulloch WS, Pitts W (1943) A logical calculus of ideas immanent in nervous activities. Bullettin of mathematical biophysics, Vol. 5, 115

Meschkowski H (1973) Mutamenti nel pensiero matematico. Boringhieri, Torino

Milner, P.M (1993) Donald O. Hebb e la mente. Le Scienze n. 295, 80

Minsky ML, Papert SA (1969) Perceptrons. MIT Press, Cambridge
Monod J (1970) Il caso e la necessità. Mondadori, Milano
Nagel T (1974) What is it like to be a bat? Philosophical Review, Vol. 83, 435
Nagel T (1988) Uno sguardo da nessun luogo. Il Saggiatore, Milano
Odifreddi P (2000) Il computer di Dio. Pensieri di un matematico impertinente. Raffaello Cortina Editore, Milano
Parisi D (1989) Intervista sulle reti neurali. Bologna, il Mulino
Penrose R (1992) La mente nuova dell'imperatore. La mente, i computer, e le leggi della fisica. Rizzoli, Milano
Penrose R (1998) Il grande, il piccolo e la mente umana. Raffaello Cortina, Milano
Peruzzi G e altri (2000) Scienza e realtà. Riduzionismo e antiriduzionismo nelle scienze del Novecento, a cura di Giulio Peruzzi. Bruno Mondadori, Milano
Platone (1975) Apologia di Socrate, a cura di Vito Stazzone. Editrice La Scuola, Brescia
Prigogine I, Stengers I (1981) La nuova alleanza. Metamorfosi della scienza. Einaudi, Torino
Restack R (1998) Il cervello modulare. Longanesi&C., Milano
Rosemblatt F (1962) Principles of neurodynamics. Perceptrons and the theory of brain mechanisms. Spartan, New York
Rumelhart DE, Hinton GE, Williams MJ (1986) Parallel distributed processing. Cambridge, MIT Press, Vol. 1, Cap. 8
Rumelhart DE, Hinton GE, Williams MJ (1986) Learning representations by back-propagating errors. Nature, Vol. 323, 533
Ruelle D (1992) Caso e caos. Bollati Boringhieri, Torino
Russell B (1991) Storia della filosofia occidentale. TEA, Milano
Schroeder GL (1999) Genesi e Big Bang. Marco Tropea Editore, Milano
Searle JR (1990) La mente è un programma? Le Scienze n. 259, 16
Stringa L, Dapor M (1994) Reti neurali artificiali. AEI Automazione Energia Informazione, n. 3, 107
Scott A (1998) Scale verso la mente: Nuove idee sulla coscienza. Bollati Boringhieri, Torino
Toraldo di Francia G (1976) L'indagine del mondo fisico. Einaudi, Torino
Toraldo di Francia G (1997) Ex absurdo: Riflessioni di un fisico ottuagenario. Feltrinelli, Milano
Turing AM (1994) Intelligenza meccanica, a cura di Gabriele Lolli. Bollati Boringhieri, Torino
Vicario G (1973) Tempo psicologico ed eventi. Giunti Barbèra, Firenze
Vicario G (1997) Il tempo in psicologia. Le Scienze n. 347, 43
Wooldrige DE (1969) La macchina del cervello. Sigma-Tau, Roma

Zeitfracht Medien GmbH
Ferdinand-Jühlke-Straße 7
99095 Erfurt, Deutschland
produktsicherheit@kolibri360.de